必咖 fika
享受瑞典式慢时光

［美］安娜·布隆纳斯 / 著

［瑞典］尤翰娜·肯因特瓦尔 / 绘

郭丽娟 / 译

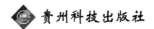 贵州科技出版社

图书在版编目（CIP）数据

必咖 fika：享受瑞典式慢时光 /（美）安娜·布隆
纳斯著；（瑞典）尤翰娜·肯因特瓦尔绘；郭丽娟译 . —
贵阳：贵州科技出版社，2018.4
    ISBN 978-7-5532-0660-8

    Ⅰ . ①必… Ⅱ . ①安… ②尤… ③郭… Ⅲ . ①咖啡 -
文化 - 瑞典 Ⅳ . ① TS971.23

    中国版本图书馆 CIP 数据核字 (2018) 第 004686 号

必咖 fika　享受瑞典式慢时光

Bika fika　Xiangshou Ruidianshi Manshiguang

出版发行：贵州科技出版社
地　　址：贵阳市中天会展城会展东路 A 座（邮政编码：550081）
网　　址：http://www.gzstph.com
　　　　　http://www.gzkj.com.cn
出 版 人：熊兴平
经　　销：全国各地新华书店
印　　刷：中华商务联合印刷（广东）有限公司
版　　次：2018 年 4 月第 1 版
印　　次：2018 年 7 月第 1 次
字　　数：150 千
印　　张：10
开　　本：880 毫米 ×1230 毫米　1/16
书　　号：ISBN 978-7-5532-0660-8
定　　价：58.00 元

天猫旗舰店：http://gzkjcbs.tmall.com

Contents / 目录

必咖 fika 是歇息片刻的慢活时光

　　瑞典语"kaffe"就是一杯咖啡,那为什么咖啡加上食物,要叫"fika"呢? 在瑞典,必咖(音 fee-ka)的传统习惯就像早餐一样稀松平常,几乎是人人每天至少必做一次的事。必咖可以影响旅行计划、工作流程,甚至会影响周末的居家休闲活动。因此,没有必咖的生活是难以想象的。

　　必咖的概念很简单,这个词既可以当动词用,也可以当名词用。在歇息的时候,人们手上即使已经有了一杯咖啡或茶,通常也会配一块烘焙糕点。必咖的时候可以独处,也可三五好友共聚;可以在家里必咖、在公园必咖,也可在工作场所必咖。最重要的是真正去实践,抽出时间,暂停手上的工作,休息一下。必咖就是这么一回事。

　　基本上,必咖的意思是"喝咖啡",但它所代表的层面更加广泛。必咖象征着整个瑞典文化,不但展示了瑞典式的饮食风俗,也阐释了瑞典式的社交活动。必咖不但是瑞典人喜爱咖啡的一种表现,同时也是他们对传统的一种延续。

　　必咖风俗是从什么时候开始的并不是很明确,但这个词汇早在 1913 年就有记录。以方言的两个音节组合形成瑞典语的"kaffe",然后把"kaffe"前后倒过来念,便成了"fäka",最后渐渐演变成现代普遍使用的"fika"。

要办个真正的必咖，必须采用家喻户晓的经典食谱（瑞典人称klassiker），如《七种饼干》（*Sju Sorters Kakor*）、《我们的食谱》（*Vår Kokbok*）。这些食谱或是从瑞典美食名著里挑选出来的经典，又或是那些代代相传的私房食谱。总之，经典烘焙小糕点与必咖绝对是密不可分的，几乎是必咖的同义词。只要一提起必咖，就不可能缺少令人感觉嘴馋的小豆蔻卷，以及铺满苹果的经典苹果蛋糕，甚至只是一片开放式三明治。这些是基础的烘焙甜点，一般是瑞典人已经牢记于心的厨艺创作。

"吃"往往带点感性的成分，它撩动着人们的情绪。我们庆祝的时候吃，追思的时候也吃。把食物与对食物的感觉完全切割，是绝对不可能的事，必咖也是如此。无论选择哪一款糕点，都会自然地勾起我们对食物的感觉与联想。例如，一杯咖啡搭配一块湿润巧克力蛋糕（kladdkaka），就让人感觉非常欣慰，给人一种笃定安稳的心情。而亲手烘焙则是肯定那种心情的行动，让人感觉安全、圆满，并有把握制作出心中所构想的甜点。

无论是在咖啡馆里享用还是在家里烘焙，这本书里的每一款糕点都能营造出独特的氛围，还有附加在食物上的感觉或情感。例如，你会烤一个湿润巧克力蛋糕，款待学校宿舍里的那群夜猫子，或用这款糕点招待跑到你家来抱怨最近恋情或对你哭诉上次失恋的朋友；至于瑞典鲜奶油包（semlor），只有在深冬或初春时才会出现，即使街道仍然阴暗寒冷，咖啡馆里温暖的灯火依旧在那里欢迎你；还有就是海绵蛋糕（biskvier），它是在比较好、比较传统的咖啡馆才出现，或是为了特殊事件而烘制的蛋糕，它能令人想到美好的、值得庆祝的事情。

这就是为什么必咖很特别的原因，它可以配合许多不同的时刻与季节。在必咖时光里要吃些什么，由个人想营造什么样的氛围决定。有时只要用一款糕点来庆祝生日就够完美了，而在另一种情况下，可能独自喝杯咖啡比较惬意。总之，与老朋友叙叙旧、开圣诞派对，都是共度必咖时光的好理由。任何时间、任何场合，与任何人都可以来个必咖时光。

"你要见个面，喝杯咖啡吗？"虽然听起来很有诚意，但就是说不出瑞典语里同样问句的分量，"我们必咖好吗（ Ska vi fika ）？"这个句子更短、更简单，每一个瑞典人绝对明白这句话的意思是："歇息片刻，一起来慢活。"其实，不一定非要喝咖啡不可，一壶茶或一瓶水果甜饮也很好。必咖不只是给自己一个下午充充电，也是一段领会慢活滋味的好时光。

　　所以，并非因为烤了某种蛋糕，奉上一杯咖啡，就算是必咖。真正的必咖是要真心抽出一天中的一小段时间休息，在例行公事与平凡单调中创造梦幻时刻。必咖是暂停所有一切工作的那段时间。

为必咖亲手烘焙的重要性

　　由于我们的瑞典家庭背景，从小对必咖的认知已经根深蒂固。一如瑞典文化非常典型的画面，母亲的烤箱里常常烤着东西，可能是烤蛋糕来迎接朋友来家里必咖，或烤面包来制作下午要吃的三明治。

　　我们虽然不是专业烘焙师，但是从小就经常参与烘焙甜点。许多年来，我们烘焙过不少经典糕点，也研发了一些创意食谱，并把所有数据都整理在这本书里。

　　对我们来说，从头开始学习烘焙糕点是最自然而然的事情。虽然无法完全追本溯源，但是在采用完整食材来烘焙与烹调这方面，却是很有意思的。你将体会到一种欧式的基调：崇尚简单、质朴的食材。说真的，在瑞典人的食品储藏柜里，要找到任何现成包装好的便利烘焙混合食材，确实不是件容易的事。

　　本书的初衷，是针对那些喜欢亲手制作糕点的人，或者不想亲自动手，却很想吃到美味糕点的人（烤不出必咖用的肉桂面包卷时，会清楚哪家店里的糕点是正宗的）。优质烘焙食品的存在，不只是因为这些烘焙师对糕点的制作了如指掌，更是因为他们是艺术家，常常在选用食材上花心思，

来自必咖的创意词汇

fik —— 享受必咖的地点。

fikapaus —— 休息一会儿去必咖。

fikarast —— 一天当中特定的必咖时光，例如在工作场所里。

fikarum —— 必咖室，休息间，通常有个可用作必咖的厨房。

fikastund —— 必咖当下。

fikaställe —— 享受必咖的地方。

fikasugen —— 满足必咖瘾。

en kopp fika —— 一杯咖啡。

为自己的艺术品注入情感与灵魂。

瑞典位于北半球，有丰盛的黄油、马铃薯、牛奶。近来，瑞典人的食品柜里陆续增加了许多具有异国风味的食材。现在的瑞典，就如同其他的西方国家，也出现了超市提供多种食材选择的现象。如今，一年四季都可以买到西红柿了，而之前未曾出现的现成加工食品也随时都可以买到。然而，在瑞典文化里那与生俱来偏好优质食材、有益健康的生活品位，仍然是不变的。

这并不意味着人们每次只购买或选用最好的食材来制作糕点，而是在文化素养层面比较讲求质朴。这里毕竟是个将扎实面包涂满厚厚黄油的国度。现代生活的工作时间紧凑，市面上也有专为必咖预先烘焙好的糕点，但无论如何，还是无法与自家手工做的媲美。

用巧思创造家庭手工糕点是本书的核心。其实，这是每一款糕点的精髓所在。为了让初学者容易上手，我们优化了许多糕点的制作过程。虽然我们把许多糕点的制作过程优化，但不会为了寻找快捷方式或加快制作的速度，而影响了原本的品质。有些食谱的混合料很容易在 10 分钟内就搅拌妥当，而有些则需要放置 24 小时才可以动手做下一步。在我们的厨房里，可以找到有机糖、纯正的黄油、放养鸡下的蛋，因为我们相信，如果选择中等品质的食材，所烤出的糕点也会是中等的品质。只要踏进我们的厨房，你就找不到各种复杂的电器用品。我们尽可能简单，好好利用现有的工具。

本书的许多糕点都不复杂，它们之所以突出，是因为所用的食材是实在的材料。你可能觉得用杵臼捣碎小豆蔻而不去买现成品，看起来有点愚蠢，也可能觉得自己动手擀面团很累。可是，就是这些烘焙细节，使我们的食谱成为名副其实的、令人钟爱的"手工制作"。

跟必咖一样重要的是，本书想提醒你腾出短短的一段时间，放缓生活的脚步歇一歇；同时也提醒你，要做的东西越简单、越基本，越好。就算不是专业烘焙师，只要你是个喜欢简朴美食的人，也能使用这本书。必咖选用完整的天然食材、毫无加工的材料，并且亲手混合与揉压，把爱揉进手工制作的甜点中。

采买制作必咖糕点的材料

在面粉、糖、黄油和鸡蛋的调配与掌握上，大部分的必咖食谱都展现出高水平的烘焙技巧与艺术。有时按不同的比例加点香料是必要的。不过，一般瑞典烘焙糕点最基本的材料还是以上四种。

对喜欢烘焙糕点的你，这是个好消息：本书下了不少功夫在食谱上，我们很用心地把经典糕点"改头换面"，创造出新款，所以这些食谱最棒的部分就是要你亲手玩一玩。你会发现，虽然有不少食谱注明一些食材以供参考，但我们依然鼓励你大胆尝试采用。在不断地改变和创新下，这些经典糕点会渐渐成为属于你自己的必咖糕点。

在还没开始前，先概括介绍本书中大部分糕点的基本材料。我们很重视有机食材，而其中有不少是主要材料，因此在制作糕点时会尽量使用。

面粉　本书中大部分的食谱使用通用面粉，只有一小部分才需要用到黑麦面粉。还有，如果可以的话，请使用实惠的、没有漂白过的、最佳质量的面粉。

糖　我们坚持选用天然蔗糖。有些食谱也用黑糖。若能留一点粗糖撒在糕点上也是很棒的。

黄油　黄油几乎是本书中每一款糕点的关键，这是瑞典烘焙厨房中不可缺少的食材。我们的食谱里大多用的是无盐黄油，所以常会在材料里标注"无盐黄油"。不过，你若想用含盐黄油也无妨，只要确保减少盐的分量即可。

鸡蛋　打鸡蛋时，最赏心悦目的事就是看着金黄色的蛋黄滚入碗里。质量好的鸡蛋耐存放，所以我们比较在意采用的鸡蛋是不是放养的鸡所下的蛋。制作蛋白霜时，在室温下搅打蛋白会比较容易些，所以我们在一些食谱里建议这么做。至于那些存放于冰箱的鸡蛋，只要确保在使用前的几个小时取出来，放在室温环境下即可。

香料　瑞典式糕点常带有香料的刺激口感，是大家所公认的，所以必咖的食材柜里必须备有香料。其中最普通的香料是肉桂皮与小豆蔻，我们制作糕点时对小豆蔻钟爱有加，从来不觉得小豆蔻过多。在本书里可找到其他的典型瑞典香料：葛缕子籽、大茴香和姜粉。任何香料都是越新鲜越好。建议尽可能自己动手磨需要使用的香料，来取代市面上销售的现成品。采购小豆蔻时，可买小豆蔻籽，或买小豆

小豆蔻

蔻荚再从中取出小豆蔻籽。本书的食谱就是
以接近最初的原味及最佳口感为目标而构思，
并逐步写成的。不过，如果你觉得用市面上
销售的磨好的香料最方便，那也没问题，只
要记得调整香料的分量即可。

肉桂皮

坚果 杏仁与榛果是瑞典式烘焙糕点中非常
常见的食材。本书有一部分食谱完全是为了
这两种坚果而写，在其他的食谱里也建议稍
加一点坚果用来提味。买回坚果以后，放进
有盖子的玻璃罐里储存，坚果的原味才不会
流失。

杏仁粉

水果干 寒带地区一整年能生产的新鲜水果
及蔬菜的数量非常有限，也难怪水果干是主
要的水果来源。水果干能保留住那短短几个
月温暖夏日的滋味。本书中的不少食谱都加
入了如无花果、黑枣干（即西梅干，prune）
和葡萄干这类的典型瑞典食材。

巧克力 无糖可可粉与黑巧克力在瑞典式烘
焙糕点中是特别常用的食材。若打算经常举
办必咖聚会，得随时储备这两种食材。跟其
他食材一样，得确保买到质量好的。反正，
烤再多的巧克力蛋糕或饼干都不会有人嫌
弃的。

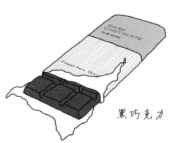

黑巧克力

瑞典食材与替代品

在斯堪的纳维亚地区以外的杂货店，有些瑞典标准食材不容易找到。你有两个选择：到专卖店购买或在网络上找零售商店，或者利用其他创意食材代替。

珍珠糖（pärl socker） 珍珠糖是一种在高温下不会熔化的粗质白糖，经常用于点缀肉桂卷与小豆蔻卷（参见本书第 024 页）、玛尔答巧克力饼干（参见本书第 040 页）和芬兰棒棒饼（参见本书第 042 页）等糕点。其实，纯正的珍珠糖没有真正的替代品，在专卖店都买得到。要使用珍珠糖却找不到时，推荐用粗粒糖。

香草糖（vanilj socker） 香草糖具有发粉的特质，在瑞典的许多烘焙糕点中是一种非常常见的材料，但是在瑞典以外的地区却不容易买到。因此，本书的食谱都做了修改，采用香草精或香草荚，如经典香草酱（参见本书第 085 页）就是一例。

杏仁糊（mandel massa） 杏仁糊是一种必备的瑞典食材。在瑞典任何杂货店都可以买到用塑料材料包装成条形的杏仁糊，它和揉好的现成饼干面团类似。有时，在其他国家的食品商店烘焙专柜也可以找到。不过，制作手工杏仁糊非常容易，我们也为本书中所有需要用到杏仁糊的食谱，编写了制作手工杏仁糊的方法，需要动手做时就可派上用场。

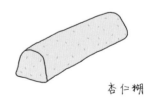

杏仁糊

糖浆（sirap）　糖浆在瑞典是制作饼干、蛋糕、面包时非常常见的食材。糖浆有两种：金色糖浆（ljus sirap）和黑糖浆（mörk sirap）。金色糖浆相当于由美国甜菜提炼而成的玉米糖浆，而黑糖浆则与糖蜜相似。在本书的食谱里，我们已做了一些修改，不必坚持使用这些糖浆，因为在瑞典以外的地区似乎不容易找到。这些糖浆之所以值得一提，是因为它们是瑞典一般烘焙糕点的主要材料。

必咖的烘焙器具

　　长久以来，糕点烘焙已是瑞典文化的一部分，要掌握必咖的精髓，不需要用高科技制造的厨具，本书中所列的大部分糕点，都能够以一个量杯、一个木勺、一个打蛋器，再加上一点点的创意来完成。不过，有一项潜规则，就是我们从不使用食物料理机或电动搅拌器来搅拌面团和黄油糊，尽管这两种电动器具都可以用来搅拌。除了磨碎坚果（建议用食物料理机）和搅打蛋白（用电动搅拌器比较容易）之外，几乎绝大部分糕点都能手工制作完成。此外，以下这些用具也很有用。

擀面杖　擀面杖是制作饼干时必须要用到的工具，例如瑞典脆姜饼（参见本书第 116 页）。不过，如果你有空酒瓶，就不需要擀面杖了，尽管不是绝对理想的用具，但还是可以应付得来的。

擀面杖

细齿刀　用来切面包，尤其是用来切扎实的斯堪的纳维亚式面包，有把细齿刀非常管用。本书里的许多切片饼干，从烤箱中取出后都得立刻切片，用细齿刀比普通刀子好切得多。

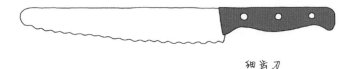

细齿刀

面团刷 给面团涂蛋液，这种刷子不可缺少。如果你想买一把，硅胶材质的刷子比较容易清理干净。如果考虑经济实惠的话，用一把干净的小刷子即可。

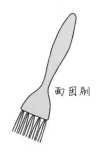

面团刷

刮刀 用刮刀刮碗里剩余的黄油面糊，很容易就能刮干净。建议用硅胶材质的刮刀，因为它也可用来搅拌在炉火上加热的材料。

刮刀

面团滚刀 瑞典语称"sporre"的滚刀，是一种手握工具，有着薄又利的齿轮，可用来切面团，类似于披萨滚刀。

面团滚刀

黄油切刀 黄油切刀上有弓形的不锈钢叶片，很容易就把黄油和糖混合在一起，并搅拌均匀。

芝士切片刀（ostyuvel） 美国人会用不同的刀来切芝士，可是瑞典人从不这么做。当然，不一定需

黄油切刀

要这把芝士刀来制作糕点，但若要把薄薄一片芝士和果酱放在刚出炉的面包或小圆面包上，芝士切片刀就是最好的新伙伴。

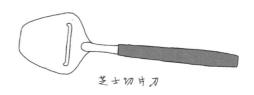

芝士切片刀

网状擀面杖（kruskavel） 外观有网状结构的擀面杖，瑞典语叫"kruskavel"。它是专门用来做薄脆饼干（参见本书第 150 页）和瑞典薄饼（参见本书第 132 页）的。这是一种非常独特的厨具，在斯堪的纳维亚以外的区域很难找到。不过，用餐叉也可以进行同样的步骤，并创造出美丽的图案。

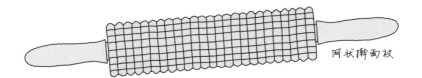

网状擀面杖

面团刮板 本书中有许多不同种类的面团，需要在平面上揉压，例如在厨房的料理台或桌子上。面团刮板可用来清除粘在平面上的面团。我们认为比较好用的面团刮板有两种：一种是钢铁材质、平而尖利的刮板（平刮板），当面团揉好时，可以用来刮起黏糊糊的面团：另一种是塑料材质、质软又有圆边的刮板（圆边刮板），可用来搅拌面团，揉压面团时，也可以顺手刮刮碗的边缘。

圆边刮板

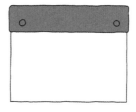

平刮板

杵臼 用杵臼来捣碎整颗香料，不但非常方便，而且比电动切碎机磨出的更能带出香气。因为捣碎的香料籽总会留点细籽，用来做成蛋糕后，嚼起来口感十足。如果没有杵臼，可用香料研磨器或咖啡豆研磨机来磨香料籽，但不要磨太细，才能拥有像杵臼磨出的口感。

杵臼

打蛋器　与使用餐叉相比，用手工打蛋器打出的蛋液又好又会起泡泡。至于搅打蛋白，则推荐用电动搅拌器，如果只需要少量蛋白则可以用手工打蛋器。部分食谱里所要求的蛋白霜，若用电动搅拌器处理，比较能够达到所需的软硬度。

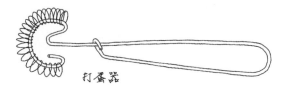

打蛋器

坚果研磨器　瑞典烘焙里有许多以杏仁为原料的食谱，难怪坚果研磨器这个词，在瑞典语中叫"mandelkvarn"，意思是"杏仁磨坊"。传统的坚果研磨器是瑞典许多厨房里的主要器具，在瑞典以外的区域不容易找到。你可以用食物料理机代替，把杏仁和其他坚果一起搅碎，虽然这不如坚果研磨器磨得均匀蓬松，但还是可以达到一定要求的（参见本书第 013 页的"磨碎坚果"）。大部分食谱里，都会保留一些坚果碎块的粗粒感，品尝起来也很棒。

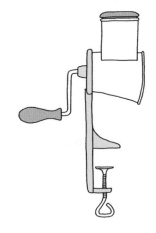

坚果研磨器

硅胶烤垫　本书的许多酥脆饼干，放在烘焙纸上烤会比较容易。若想要环保一点，可以考虑购买一个硅胶烤垫，这样可省去烘焙纸，也免了在纸上涂油的步骤，让人很快就忘记以前没有这种烤垫的日子。

烘焙技巧

一些专门的烘焙技巧贯穿本书所有食谱，在此详细地列出着手烘焙时需处理的各种项目，提供易懂的烘焙技巧。

香料籽

测量　数量是以体积或重量来计算的。挑选你比较喜欢用的计算方法。

捣碎香料籽　本书许多食谱会用到很多香料，其中有不少是要用整颗香料籽，并将籽捣碎后才使用的。捣碎大茴香及小豆蔻籽的最好方法，就是用杵臼、香料研磨器，或者是咖啡豆研磨机。磨碎至粗粉状，并夹杂一点点细籽。若没有杵臼，也没有咖啡豆研磨机，怎么办呢？那就要用老方法，把香料籽装入可密封的袋子里，或者包入布中，然后放在平稳而坚固的平面上，用锤子敲碎。如果选用现成磨好的香料籽，而不是自己手工磨碎的，就稍微减少食谱里要求的分量。先从小份开始，边做边尝味道。

磨碎坚果　本书有许多食谱要用到坚果，如需要磨碎的杏仁和榛果，传统方法是用坚果研磨器。不过，若手边没有这个工具，用食物料理机也可以。使用这种电器研磨时，要看食谱里具体说明的粗细度，有需要磨得非常细的，也有需要磨得中度细的，还有需要磨得粗一点的。如果食谱要求的是磨细的坚果，那就是几乎跟面粉一样蓬松柔软的粗细度。磨得很细的坚果应该是均匀的粗细度，同时颗粒非常细小。如果食谱要求用粗粒坚果，磨好的粉中应该留有一些粗块状的坚果——其实，用刀子剁碎也是行得通的。

使用酵母　大部分瑞典人常使用新鲜酵母来烘焙糕点，我们则调整食谱，采用活性干酵母。本书有正确使用酵母的方法。一般的处理方法，是把酵母放入盛有几汤匙温水（触摸起来是温的）的容器里溶解、发酵，确定温水里冒起泡沫，就表示酵母仍有活性。也可采用新鲜酵母或速溶酵母，但是要确保调整到相应的分量。

冷冻面团　如果打算烤饼干，但不想把整块面团一次用光，可把面团放在冰箱里冷冻存放，等到想要烤饼干时，再拿出来用。切片或擀好的面团适合冷冻存放，像芬兰棒棒饼（参见本书第 042 页）和瑞典脆姜饼（参见本书第 116 页）。若要冷存面团，可以先把它揉成圆长条形，用保鲜膜包紧，然后放入密封袋里。

烤模上油撒粉　瑞典人烘焙时，习惯在蛋糕烤模上涂一层薄油，然后再撒上细面包屑，常常使用的是圆环烤模，这样才能烤出漂亮的蛋糕外形。参照本书的食谱烘焙糕点时，运用这个方法，或者为烤模涂好油后，只撒上一点面粉，也是可以的。

冷却糕点　本书中有许多制作饼干的食谱。与其使用空间经常不够用的冷却架，不如直接把烤好的饼干移到料理台上。许多饼干体积相当小，有从冷却架上掉落的可能，所以像餐桌那样的平面都可以使用。不过，有些食谱会要求将已烤好的糕点通风冷却，本书会特别注明要使用冷却架。

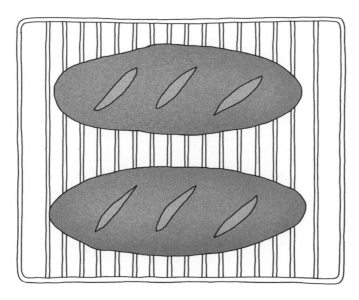

冷却架

烘焙纸 在瑞典，制作许多种类的糕点时都会用到烘焙纸，像饼干、肉桂卷等，而不是用松糕烤模来烤。本书中特别注明要用烘焙纸的，可以直接把烘培纸摊开放在烤盘上，然后摆上生面团或面糊。

Chapter 1

瑞典咖啡文化的诞生

若只介绍瑞典是北半球的一个国家，实在是太粗略了点。它的陆地面积有 449 964 平方千米，人口数大约有 950 万，领土最北端位于北极圈内，而最南端则是与莫斯科同纬度。可想而知，这样的地方当然不可能种出像咖啡这类热带果实。

那么，这个国家的民众又是如何成为这种生长在热带气候下的小黑豆所变成的饮料的高消费群体的呢？以每天喝几杯来计算，世界咖啡消费者排名最高的是位于斯堪的纳维亚半岛的国家，每人每年喝超过 150 升的咖啡。要找到一个不喜欢喝咖啡的瑞典人，实在不太容易，更不用说瑞典人一天最少喝一次咖啡。尽管有些人比较喜欢早上喝茶，但瑞典人的咖啡时光从咖啡引进瑞典后，就一直延续到现在。

瑞典正式进口咖啡是在 1685 年。瑞典官方第一次提到咖啡是在哥德堡海关文件里，海关申报的文件里显示某人确实进口了 0.5 千克的咖啡豆。3 年后，药房就有贩卖咖啡的了。18 世纪咖啡进口

量开始增长，据说国王查理七世从土耳其带了一只咖啡壶回到瑞典，但当时人们喝咖啡还是有所限制的。咖啡屋（kaffehus）时代起源于港口城市，是水手与相关人士光顾的场所。事实上，人们曾有段时期忌讳提"咖啡屋"这个词，因为它给人一种颓废的联想。

最终，就像大部分的欧洲国家一样，咖啡屋成了知识分子与政治人物聚会的场所，而咖啡文化也因此与上流社会产生了紧密的联系。当喝咖啡的人数逐渐增加时，政府也随之出现想要管制的念头。国王古斯塔夫三世深信咖啡对健康有负面影响，而且这些咖啡屋的聚会是酝酿反皇家风潮的场所，同时他也基于经济原因而排斥咖啡，因为它是一种昂贵的进口奢侈品。在他统治期间，咖啡变成了非法品。然而，当人们得不到特定的奢侈品时，想要拥有的欲望当然更强烈，咖啡的消耗量也因此跟着增长。

在 19 世纪，咖啡馆被一流的糕点咖啡馆（konditori）迎头赶上，这是咖啡馆与糕点店的一种组合。"konditori"往往被简称为"kondis"，那里所提供的糕点服务跟咖啡一样重要。光顾所在地的 kondis，变成了周末外出的时髦活动，人们把它当成一桩盛事而装扮一番。这个传统就是时下流行的泡咖啡馆与必咖文化的来源。

差不多在这段时间，咖啡成了家家户户的普及饮品，是政客和农民的饮料。咖啡很快就变成社交聚会的一个理由，必咖的概念就在这种氛围下诞生了。所以，在瑞典常把甜面包说成"咖啡面包"（kaffebröd），这样一点也不为过。推算一下，咖啡与烘焙糕点并驾齐驱已超过一个多世纪。

你用什么餐具喝咖啡？

在瑞典，去探访祖母时，即便是一个随意安排的下午，那些漂亮的陶瓷咖啡杯总会出现。这是来自老一辈的传统，他们有一套搭配好的杯子、杯托、糕点碟，还有客人来访时才派上用场的一只陶瓷咖啡壶。必咖是一天中的一段荣耀时光，从所使用的餐具就能反映出这一点。所以，一套漂亮完整的餐具，跟自家手工做的糕点一样，是必咖必备的。

在二十几年前，比较随性的咖啡文化还未逐渐占据瑞典领土时，咖啡就是那样喝的。任何一个午后咖啡聚会，不论是在教堂或是别人的家里，都会展出一套漂亮的瓷器，这是必咖的信号，就像英式传统下午茶一样。早期，瑞典传统冲泡咖啡的方法称为"煮咖啡"（kokkaffe），就是把粗粒咖啡粉和水放入水壶里煮沸。由于这样煮出来的咖啡比较滚烫，所以把少量咖啡直接倒在杯托上喝，是相当常见的事，瑞典人称之为"用碟子喝"（dricka på fat）。在咖啡旁边，放着一小杯鲜奶油和一碗方糖，通常用银夹取用方糖。将方糖搁在牙齿间，然后含着方糖喝咖啡，瑞典语称之为"dricka kaffe på bit"，是名副其实的"喝方糖上的咖啡"，是真正的复古风格的必咖。

另一个瑞典式的喝咖啡传统，可追溯到同时代的咖啡酒（kaffegök），也叫"咖啡鸡尾酒"（kaffekask）。这是一种酒与咖啡的混合饮料，一杯咖啡里加上大约一小烈酒杯的伏特加酒，就这么简单。

瑞典咖啡时光最著名的视觉代表作，就是瑞典设计师斯蒂

格·林德伯格（Stig Lindberg）为古斯塔夫堡（Gustavsberg）公司所画的杯子和碟子。

许多20世纪50年代及60年代的设计师所采用的简单线条和图案设计，设计了数以百计的创新款式，而传统的瓷杯则变成了古董爱好者的最爱。可以说，没有比这个时代的杯子更能代表传统的瑞典厨房了。

时至今日，使用古典的成套杯碟，不仅能提升必咖的质感，也带有一种庆祝的意味。在瑞典的晚宴中，餐后的一杯咖啡，肯定是用一种较小的传统瓷杯碟（mockakopp）来款待宾客。

7种经典饼干

随着糕点咖啡馆的兴起，瑞典的咖啡也与搭配的糕点画上了等号，如果人们受邀去咖啡馆喝咖啡，总会期待有一些好吃的糕点。20世纪中期，kafferep是生日、葬礼，或者一群年长女性见面交际应酬的好借口。kafferep与必咖相似，是比较大型又比较正式的聚会。

社交规矩所要求的真正kafferep，必须包括饼干、小面包和一种海绵蛋糕。若是更大型的庆祝活动，甚至得另加一款多层蛋糕，最主要的用意就是要有丰盛的糕点来款待宾客。

出现在这种典型社交聚会上的饼干叫"småkakor"，就是小饼干的意思，通常以甜饼干面团为基础做成。它的特色是又小又甜，在任何典型的咖啡聚会上，人们期待随时都有各式各样的小饼干可以挑选。

事实上，传统的蛋糕盘（kakfat）就是在这些聚会上常见的一套多层饼干托盘，用来摆放各式各样的小饼干。任何一个称职的女主人都会依照传统，从一开始就依据瑞典最古老、最经典的食谱《七种饼干》来烘烤这些小饼干。今天，这本食谱仍是瑞典人的主要厨房藏书。要做出七种饼干款待宾客，需要某种程度的野心和决心。但是对瑞典人来说，要制作多款饼干来待客的想法，是自然而然的。

　　然而，你永远无法预料有谁会突然来访并需要咖啡招待。因此，几十年来，人们已习惯把饼干放在设计精美的盒子里。现如今，只要在冰箱里找一找，就能找到一些饼干，特别是那些用黄油做成的。因为在瑞典，当有客人来访时，端上咖啡招待却没有一些糕点搭配，根本就是件不可思议的事。

食谱目录

当咖啡渐渐融入瑞典文化，一小部分食谱很快就成了咖啡聚会的主要选项。从肉桂卷（参见本书第 024 页）到小豆蔻蛋糕（参见本书第 028 页），这些是最具代表性和最传统的必咖食谱，其中也包括了很多令人喜爱的小饼干，我们在几个地方做了一些调整，使它们的味道更突出。

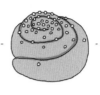

肉桂卷与小豆蔻卷
kanelbullar och kardemummabullar

成品分量：30 ~ 36 个小圆面包卷或 2 个长面包卷

　　小面包（bullar）可以说是瑞典咖啡时光的精髓，而"vete"在瑞典语里是"麦"的意思，麦面包（vetebullar）便是以麦为原料的面团创作出的许多花样的卷包的总称。肉桂卷（kanelbullar）与小豆蔻卷（kardemummabullar）便是这类常见的小面包，有普通卷起来的花样，也有各种交叉编织的款式。它们通常是直接放在烘焙纸上烘烤的，然后用烘焙纸托着吃。肉桂卷是如此深具代表性的面包，因此瑞典有特定的一整天是献给这些面包的（如果考虑要庆祝的话，是 10 月 4 日）。

　　这种糕点有两种不同的馅料，在掌握了处理面团的技巧后，就可以着手试做自己的馅料了。瑞典人懂得一个道理，那就是不管做的是什么款式，最好吃的往往是那些刚刚出炉、闻起来香喷喷的卷包。

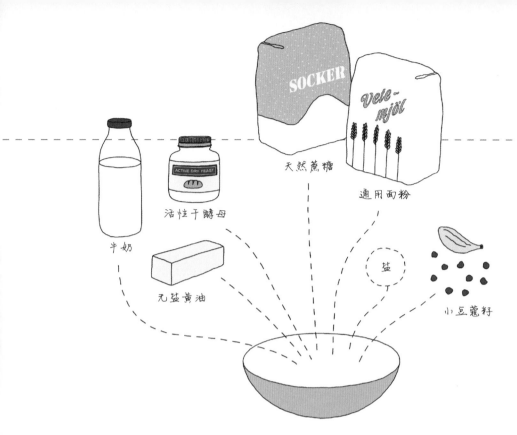

SOCKER

天然蔗糖

Vete-mjöl

通用面粉

牛奶

ACTIVE DRY YEAST

活性干酵母

无盐黄油

盐

小豆蔻籽

面团材料

无盐黄油：7 汤匙（99 克）

牛奶：1½ 杯（360 毫升）

活性干酵母：2 茶匙

通用面粉：4½ 杯（638 克）

天然蔗糖：¼ 杯（50 克）

整颗小豆蔻籽：1½ 茶匙，磨碎

盐：¼ 茶匙

做法

准备制作面团时，先把无盐黄油放在平底锅里加热至熔化，然后拌入牛奶，加热到手还可触碰的温度 43 ℃。将活性干酵母放在小碗里，倒入 2 ~ 3 汤匙刚加热的牛奶混合液，将酵母溶化开。搅一搅，放置几分钟，直到酵母液上层开始冒泡。

另取一个大碗，将通用面粉、天然蔗糖、小豆蔻籽、盐放入其中并搅拌均匀，然后加入已冒泡的酵母混合液，用双手揉和面团，直到可以揉成球形。

将面团移到料理台上，揉到光滑有弹性，需3～5分钟。这时候的面团摸起来应该有湿润感，但如果粘手指或台面的话，就加一点面粉。将面团彻底揉好后，用一把锋利的刀切开它，就会看到许多小气孔。把面团放回碗里，盖上一块干净的布，然后放在暖和的地方，让它膨胀到两倍大，约需1小时。

在烤盘上涂油，或将烘焙纸铺在烤盘上。

在面团发好之前，动手做馅料。用餐叉将无盐黄油、天然蔗糖和肉桂粉（可用整颗小豆蔻籽替代）均匀搅拌成可涂抹的黄油泥。

面团发好后，把其中一半放在料理台上，用擀面杖擀开，做成28厘米×43厘米的长方形。把擀好的长方形面团摆在料理台上，长边朝向自己。

在擀开的长方形面团上，小心地涂抹一半分量的黄油泥，均匀地涂满整片，要确保各个边角都涂到。接着，从最靠近自己的长边开始向上卷起（参见右图），卷成长卷。把这条长卷切成15～18个大小相等的面团卷，卷面朝上，接着把它们放在烤盘或烘焙纸上。如果用的是烤盘，必须把所有面团卷的尾端捏紧，这样才不会在烘烤时散开。重复以上步骤做另一半面团。用干净的布盖住做好的面团卷，再发45分钟。

馅料

无盐黄油：7汤匙（99克），室温

天然蔗糖：½杯（99克）

肉桂粉或整颗小豆蔻籽：3～4茶匙，小豆蔻籽磨碎

* 如果用肉桂做馅料，要再加2茶匙磨碎的小豆蔻籽。

顶料

鸡蛋：1颗，打散

珍珠糖或杏仁碎粒

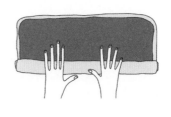

将烤箱预热至 225 ℃。

待面团卷发好后，小心地刷上蛋液，然后撒上珍珠糖。

烘烤 8 ~ 10 分钟。如果是烤长条卷，则需要多加 10 分钟。从烤箱中取出后，将烤盘上的面包卷移到料理台上，盖上布放凉。烤好后，趁新鲜品尝。如果不打算马上吃，待面包卷完全冷却后，就存放在冷冻库。

不同花样的做法

若想改变把面团卷成圆形的传统做法，可以用打结的方式（参见左图），这是做小豆蔻卷比较常见的编织法。还有，生的长条卷也可以用剪刀剪开，让馅料稍微露出来（参见下图）。

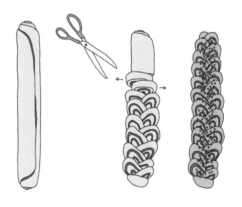

小豆蔻蛋糕
kardemummakaka

成品分量：一个 6 杯圆环蛋糕

在瑞典境外，一提到小豆蔻，可能会引发人们对印度或中东的遐想。但是对具有瑞典文化背景的人而言，只要吃到带点小豆蔻味的甜点，就会觉得好像尝到了故乡的味道。尽管小豆蔻来自世界的另一个角落，瑞典人却是此香料的主要消费者，这在瑞典烘焙糕点上就能看出来。以我们对必咖的浅见，即使糕点里放了很多小豆蔻籽，人们也永远不会嫌弃它。

这款小豆蔻蛋糕（kardemummakaka）是受到尤翰娜的母亲 Mona 启发而创造的一款基本的蛋糕，它松软、绵湿，又加了恰好分量的香料。无论你怎么使用小豆蔻，它都有一股很浓郁的香味。我们比较喜欢手工磨碎的香料，因为手工磨出的豆蔻籽粉香气最浓，烤出来的蛋糕里也会藏着一点点细小而香脆的小豆蔻籽。

材料

无盐黄油：10 ½ 汤匙（148 克）

蛋黄：3 个，室温

黑糖：¼ 杯（53 克）

通用面粉：¾ 杯（106 克）

整颗小豆蔻籽：4 茶匙，磨碎

柠檬汁：3 汤匙

盐：¼ 茶匙

蛋白：3 个，室温

天然蔗糖：¾ 杯（148 克）

做法

将烤箱预热至 175 ℃。给圆环烤模涂上油，撒上面粉。

在平底锅里，把无盐黄油加热熔化后，关火，在一旁放凉。

把蛋黄、黑糖放在碗里，搅拌至起泡沫。倒入稍微冷却的黄油，将黄油、蛋黄、黑糖的混合液搅至均匀为止。将通用面粉过筛，然后把通用面粉、小豆蔻籽、柠檬汁、盐，小心地拌入黄油混合液中。轻轻地搅拌，直到所有材料混合在一起，成为光滑、均匀的黄油糊。

在另一个碗里，把蛋白打散，最好使用电动搅拌器搅打，直到可拉出软尖峰时，再一点一点地加入天然蔗糖，再搅打至可拉出硬尖峰。这时，将打发的蛋白与黄油糊轻轻地混合拌匀后，再倒入圆环烤模中。在这个过程中，要注意别过度搅拌。

烘烤 40 ~ 45 分钟。用刀子或牙签插进蛋糕最厚的部位，若抽出来时仍然是干净的，表示蛋糕烤好了。如果蛋糕开始呈现金褐色（可能在烘烤 20 分钟后发生），就将蛋糕从烤箱中取出来，盖上锡箔纸后，再放回烤箱继续烤，这么做可以避免烤焦蛋糕的上层。

从烤箱中取出蛋糕，冷却一会儿，再摆到盘子上。

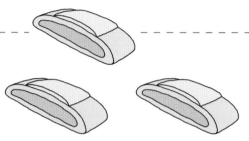

橙香杏仁片
apelsinsnittar

成品分量：48 片

　　瑞典的许多饼干食谱，都是以无盐黄油、天然蔗糖和通用面粉为原料。虽然做出来的饼干很可口，却容易显得单调。而这份食谱就是要展示将经典面团做得更有趣的方法：裹上带点橙皮口感的美味杏仁馅，再涂上一层酸味糖霜。将这些口味独特的饼干搭配一杯用经典瓷杯装的新鲜咖啡，看起来十分吸引眼球。这些饼干也很适合存放在冰箱，如此一来，万一有不速之客来访，就有现成的饼干可以招待客人了。

做法

准备面团。在大碗里，把无盐黄油、天然蔗糖一起搅拌均匀，加入通用面粉、蛋黄、姜粉。用手把所有材料搅拌好，揉成球形面团。把面团盖起来，放进冰箱冷藏 30 分钟。

一切就绪后，将烤箱预热至 200 ℃。在烤盘上涂油，或铺上烘焙纸或硅胶烤垫。

准备杏仁馅料。用食物料理机将去皮杏仁、

面团材料

无盐黄油：10 汤匙（142 克），室温

天然蔗糖：½ 杯（99 克）

通用面粉：1½ 杯（213 克）

蛋黄：1 个

姜粉：2 茶匙

馅料

去皮杏仁：1½ 杯（213 克）

天然蔗糖：½ 杯（99 克）

纯杏仁精：1 茶匙

蛋白：1 个

橙皮：1 颗大小适中的香橙，取 1 ~ 2 汤匙的橙皮

天然蔗糖、纯杏仁精一起搅拌均匀。至于杏仁糊黏稠、光滑的程度，取决于坚果的干湿度。

把蛋白打至起泡后，拌入杏仁糊和橙皮。

把面团分成 4 等份，再把每块面团放在撒有面粉的料理台上，用擀面杖擀成 25.5 厘米 × 10 厘米的长方形，将长边朝向自己。最简单的方法，就是把面团放在两张保鲜膜中擀。

每个长方形面团需要用 ¼ 的馅料。把馅料涂在长方形面团中间的 ⅓ 区块处，并与最长边平行，上面 ⅓ 与下面 ⅓ 皆不涂馅料。然后，把上面 ⅓ 面团折起来盖在馅料上，再把下面 ⅓ 面团折起来盖上（参见下图）。在制作过程中，如果馅料漏出来，就用手指捏面团，把长条面团两边的尾端捏紧密合。用同样的方法处理其他 3 块。

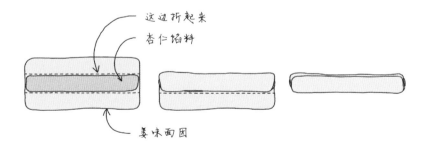

这边折起来

杏仁馅料

姜味面团

将长条面团移到烤盘上，折叠的部分朝下，烘烤
15分钟。一直到面团尾端呈现浅褐色再取出，然
后留在烤盘上冷却。

制作糖霜。把糖粉和分量刚好的橙汁搅拌至又薄
又光滑的稠度。然后把剩下的橙汁一点一点地慢
慢拌入糖霜，才不会把糖霜弄得太稀。

待烤好的饼干条冷却后，小心地移到砧板上，用
刮刀把糖霜淋在饼干条上。等糖霜凝固后，再把
每个饼干条切成12等份，放进可密封的饼干罐里。
这些饼干也适合存放在冷冻库。

糖霜

糖粉：¼杯（28克）

橙汁：1 ~ 2茶匙

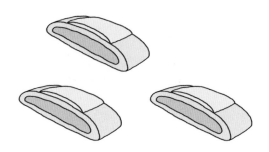

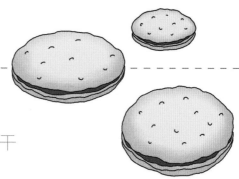

香脆燕麦巧克力夹心饼干
havreflarn med choklad

成品分量：16 个夹心饼干或 32 个圆饼干

　　夹心饼干（havreflarn）是一款人们最喜欢发挥创意的瑞典传统糕点，它最特别的部分就在巧克力的应用上。它上面的巧克力或者是蘸的，或者是撒的，或者是塞在两片饼干之间的。做夹心饼干是比较好玩的，对不对？脆甜的两片饼干与巧克力最搭配了，所以在这里，我们选择了夹心饼干，并加上少许姜粉。当然，你也可以跳过夹心部分，只端出纯粹的饼干。

面团材料

燕麦片：1½ 杯（148 克）

通用面粉：1 汤匙

发粉：1 茶匙

鸡蛋：1 颗

天然蔗糖：½ 杯（99 克）

无盐黄油：7 汤匙（99 克）

馅料

60% 苦甜巧克力：113 克

姜粉：1 茶匙

做法

将烤箱预热至 175 ℃。在烤盘上铺上烘焙纸或硅胶烤垫。

用食物料理机把燕麦片磨成粗粉状，要保留一点粗粒，不要磨得太细。如果你没有食物料理机，就尽量买最细小的燕麦片来做，这样才能做出最均匀的饼干。

在一个碗里，把通用面粉和发粉混合在一起。

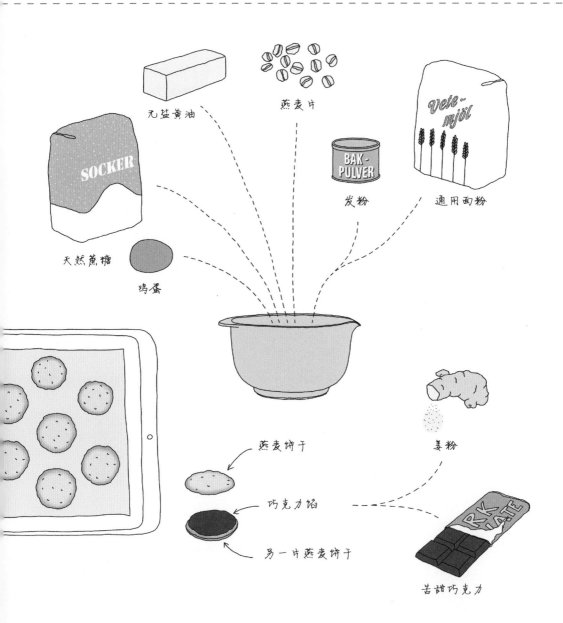

无盐黄油

燕麦片

SOCKER

Vete-mjöl

BAK-PULVER

发粉

通用面粉

天然蔗糖

鸡蛋

燕麦饼干

姜粉

巧克力馅

另一片燕麦饼干

苦甜巧克力

在另一个碗里，把鸡蛋打散，再加入天然蔗糖，搅拌至起泡沫。这时所有的糖应该已经溶化，混合液呈现浅浅的黄色。将通用面粉和发粉拌入鸡蛋混合液中进行搅拌，一直到搅拌均匀为止。

在平底锅里，把无盐黄油加热至熔化。关火，把燕麦粉倒进黄油里搅拌，直到所有燕麦粉都裹上黄油。然后，把处理好的燕麦粉放入面团中搅拌均匀。

舀出2茶匙的燕麦面团，放在烤盘上，每个面团间保留5厘米的距离。用手指轻轻地把面团压平。

烘烤6～10分钟，一直到饼干边缘呈现金黄色。

从烤箱中取出饼干，直接放在烤盘上冷却，待饼干变硬了，再移到料理台上。将饼干隔开，若饼干边缘互相碰到，就会变软。等饼干完全冷却。

准备馅料。将60%苦甜巧克力放在双层锅的上层慢慢加热熔化。或是将60%苦甜巧克力放在耐热碗里，然后把碗放到盛有热水的平底锅中，让巧克力隔着热水慢慢地熔化。然后把姜粉拌入已熔化的巧克力中。

把巧克力馅涂在饼干的上面，然后叠上另外一片饼干，就像三明治那样。把夹心饼干放回料理台上，直到巧克力变硬为止。

存放在密封的饼干罐里，以保持饼干酥脆。

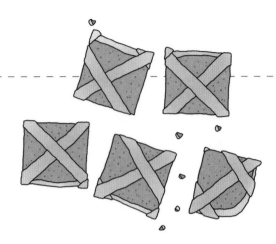

无花果方块酥
fikonrutor

成品分量：35 个

　　将松软的黄油面团加上水果酱，这种水果方块酥的标准食谱在瑞典相当受欢迎。覆盆子酱是最常使用的食材，而这里要用的则是无花果酱（参见本书第144页）。其他的浓稠果酱也很适合。这份食谱是尤翰娜参考她母亲 Mona 的食谱剪报调整而成的。

做法

用食物料理机把生杏仁打成粉。

直接把通用面粉倒在料理台上，或倒入一个大碗里。加入杏仁粉，用双手将杏仁粉与面粉混合均匀。在和好的杏仁面粉中挖一个洞，在洞中放入天然蔗糖、无盐黄油、鸡蛋。迅速用手指（或用一把刀）将混合料揉成面团。把面团盖起来，放进冰箱冷藏至少1小时。

将烤箱预热至 200 ℃。在烤盘上涂油，

材料

生杏仁：½ 杯（71 克）

通用面粉：1½ 杯（213 克）

天然蔗糖：⅔ 杯（132 克）

无盐黄油：¾ 杯（170 克）。切成小块，冷藏

鸡蛋：1 颗，打散

无花果酱：约 1⅓ 杯（320 毫升）

铺上烘焙纸或硅胶烤垫。

取出 ⅔ 的面团，用擀面杖将面团擀成 23 厘米 ×33 厘米的长方形（要确保能够摆进烤盘里），厚度约 0.5 厘米。

将面团放在两张保鲜膜之间，是最容易把面团擀开的方法。将擀好的长方形面团摆在烤盘上，然后在面团上涂满果酱。

用同样的方法将剩下的面团擀至相同厚度。用刀子或糕点切刀，把面团切成 1 厘米宽的长条。在长方形面团的上层，对角交叉摆上长面条，做成格子图案。

烘烤大约 10 分钟。从烤箱中取出后，趁热将它切成 35 个大小相等的方块酥。切好的方块酥之间要隔开，确保饼干边缘没有彼此碰到，等饼干冷却。

把方块酥存放在密封的饼干罐里。

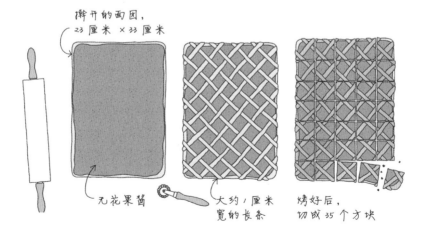

擀开的面团，
23 厘米 ×33 厘米

无花果酱

大约 1 厘米
宽的长条

烤好后，
切成 35 个方块

指印果酱酥饼
syltgrottor

成品分量：24 个

　　黄油酥饼很好吃，若再加上果酱更是不同凡响。这一款饼干会让饼干拼盘增色不少。使用不同的果酱，不仅味道不同，所呈现出的颜色也会跟着改变。跟美式指印果酱酥饼有点不一样，瑞典版本是直接放在小烘焙纸杯里烤，口感松一点、软一点，带有比较多的黄油香。其实，直接翻译"syltgrottor"，就是"果酱洞穴"的意思。

　　这份食谱的面团里加入了磨碎的大茴香籽，可以衬托馅料——女王果酱（参见本书第 089 页）里的覆盆子与蓝莓风味。如果家里没有果酱，又急着要做的话，可用新鲜蓝莓压成泥，再拌入几汤匙的糖来取代。

材料

通用面粉：2 杯（284 克）

天然蔗糖：½ 杯（99 克）

发粉：1 茶匙

大茴香籽：2 茶匙，磨碎

无盐黄油：14 汤匙（198 克），冷藏

香草精：½ 茶匙

女王果酱：约 ½ 杯（120 毫升）

做法

将烤箱预热至 200 ℃。直接把 24 个小烘焙纸杯分开摆在烤盘上。

把通用面粉、天然蔗糖、发粉、大茴香籽一起搅拌均匀。加入切成小块的黄油，然后用双手揉搓。再加入香草精，把面团揉成球形。

将面团分成 24 颗小球。你可以使用汤匙挖取，每颗小球大约像核桃般大小。或者你把面团做成圆长条形，然后切成 24 块，再把每块揉成小球。最后把小球面团摆进烘焙纸杯里。

用拇指在每颗小球面团的中心轻按，做出小火山口般的凹洞。把一小匙果酱填进每个凹洞中。

烘烤 10 ~ 12 分钟，一直到酥饼呈现浅金黄色。从烤箱中取出后，等酥饼冷却。

把彻底冷却的酥饼，存放于密封的饼干盒中。

玛尔答巧克力饼干
märtas skurna chokladkakor

成品分量： 48 个

切片饼干是瑞典厨房里常见的经典饼干，很可能是因为它只要用很简单的方法就能做出美丽的外观。将面团擀一擀，然后烤一烤、切一切，不需要多少时间就能为必咖做好准备。瑞典的许多玛尔答饼干，是用基本的黄油面团来制作的，而这款则添加了一种好材料——巧克力。原创食谱来自家喻户晓的瑞典食谱《七种饼干》，我们只加了一点巧克力，特别为喜爱浓郁香甜巧克力口感的甜食爱好者而做。

依照传统做法，这些饼干上会撒一些珍珠糖（参见本书第 008 页），让美丽的白点分散点缀在深棕色的饼干上。如果买不到珍珠糖，又想要吃饼干时有嘎吱响的快感，可用粗粒砂糖取代。

面团材料

无盐黄油：1 杯（227 克），
室温

天然蔗糖：264 克

鸡蛋：2 颗

纯香草精：2 茶匙

通用面粉：2 杯（284 克）

无糖可可粉：¼ 杯（21 克），
再加 2 汤匙

发粉：1 茶匙

顶料

鸡蛋：1 颗，打散

珍珠糖

做法

把无盐黄油、天然蔗糖一起搅拌均匀。在另一个
大碗里，把 2 颗鸡蛋打散。再将蛋液倒入黄油混
合液里，并加入纯香草精，然后搅拌均匀。

取一个碗，将通用面粉、无糖可可粉、发粉搅拌
均匀。再把无盐黄油混合料与通用面粉混合料搅
拌在一起，揉成面团。

把揉好的面团盖好，放进冰箱冷藏至少 30 分钟。

将烤箱预热至 200 ℃。在烤盘上涂油，或铺上烘
焙纸或硅胶烤垫。

把面团分成 4 等份，每等份揉成 30.5 厘米长的圆
条形。把这些面团摆到烤盘上（也可以直接在烤
盘上将面团揉成圆长条形），面团之间至少要有
5 厘米的距离。接着把面团压成宽度为 5 厘米、
厚度小于 1.5 厘米的大小。

在面团上刷蛋液，再撒上珍珠糖。

烘烤 15 分钟。从烤箱中取出长条饼干后，趁热
将每个长条饼干斜切分成 12 等份。把这些饼干
放在料理台上，直到彻底冷却后，再装进密封
罐中。

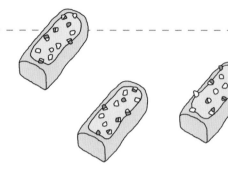

芬兰棒棒饼
finska pinnar

成品分量： 40 个

　　芬兰棒棒饼（finska pinnar）是一种经典的瑞典饼干。顾名思义，这种饼干起源于瑞典东边的邻国——芬兰。吃芬兰棒棒饼是旧时必咖时尚蔓延到许多教会和聚会后形成的传统。在这类聚会中，总要有特定的几款糕点，其中当然少不了芬兰棒棒饼，它是一种不容低估的小饼干。如果只有做一款饼干的时间，别感到难为情，因为芬兰棒棒饼可以撑起场面。

做法

用食物料理机把杏仁打成细粉状。

在大碗里，将无盐黄油、天然蔗糖搅拌均匀，加入通用面粉、杏仁粉、纯杏仁精，用双手将之揉成球形面团（如果有必要，可加入 ½ ~ 1 茶匙的水，以增加面团的黏度）。把面团分成 4 等份，每等份擀成厚长形，大约 10 厘米长。

把长条面团用保鲜膜包起来，放进冰

面团材料

去皮杏仁：½ 杯（71 克）

无盐黄油：10 汤匙（142 克），室温

天然蔗糖：⅓ 杯（66 克）

通用面粉：1½ 杯（213 克）

顶料

纯杏仁精：¼ 茶匙

鸡蛋：1 颗，打散

珍珠糖与杏仁碎粒

箱冷藏大约 30 分钟。

将烤箱预热至 175 ℃。在烤盘上涂油，铺上烘焙纸或硅胶烤垫。

把每个长条面团擀成 51 厘米长，稍微宽于 1.5 厘米。如果需要的话，可在料理台上撒点面粉来帮助擀面团。将每个长条面团切成 10 等份。

把这些切好的面团摆在烤盘上，小心地刷上蛋液，然后再撒上珍珠糖与杏仁碎粒。

烘烤 10 ~ 12 分钟，一直到饼干呈现浅金黄色。从烤箱中取出烤好的饼干，放在料理台上。将饼干隔开摆好，彼此的边缘别碰到，否则饼干会变软。将这些饼干彻底冷却。

将饼干装进密封罐或存放在冷冻库。

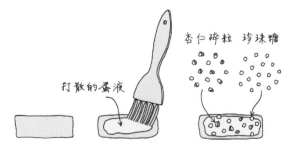

杏仁碎粒　珍珠糖

打散的蛋液

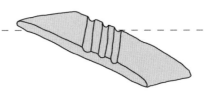

肉豆蔻片
muskotsnittar

成品分量： 40 个

切片饼干肉豆蔻片（muskotsnittar），制作起来不麻烦，是一款香味满溢的饼干，跟咖啡很搭配。这种饼干简单又非常有瑞典风格，它的美好味道让它成为仲夏的佳品。在饼干上面刮几条线点缀，煞是好看，吃起来也令人开心。由于这些饼干的黄油很浓厚，适合冷冻存放，而且冷冻过的更加美味。

做法

在大碗里，将黑糖、肉桂粉、肉豆蔻粉、姜粉混合在一起。在这些混合料里加入无盐黄油，搅拌均匀。然后加入面粉，用双手揉和面团，直到变扎实为止。

盖好面团，放进冰箱冷藏至少 30 分钟。

将烤箱预热至 175 ℃。在烤盘上涂油，或铺上烘焙纸或硅胶烤垫。

将面团分成 4 等份，把每等份揉成 35.5 厘米长的圆条形。然后把这些长条面团摆上烤

材料

黑糖：⅔ 杯（142 克）

肉桂粉：1 汤匙

肉豆蔻：1 茶匙，现磨

姜粉：1 茶匙

无盐黄油：17 汤匙（241 克），室温

通用面粉：2 杯（284 克）

盘（必须有足够的空间摆两个长条面团），然后将面团擀成 0.5 厘米厚。面团之间要有约 5 厘米的距离，因为面团在烘烤后会变大。接着，用餐叉的背面轻轻地在长条面团上压出线条图案。

将面团分成两批，各烘烤 15 ～ 17 分钟，一直到饼的边缘呈现金黄色。从烤箱中取出后，将长条饼干留在烤盘上冷却几分钟，再切成 10 等份。等烤盘冷却之后，再把第二批摆上。让烤好的饼干彻底冷却。

将饼干装入密封罐中存放。

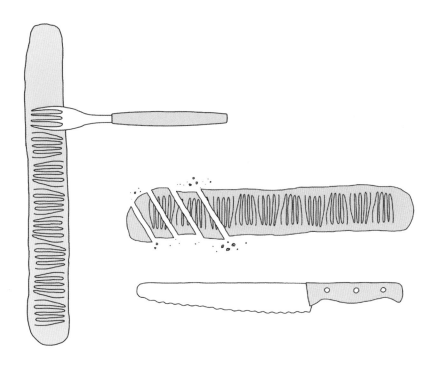

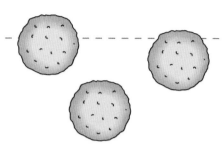

榛果酥
hasselnötsflarn

成品分量：30 个

　　香脆饼干常见于瑞典式糕点中，因为它的做法较为简单。如果想做各式各样的香脆饼干拼盘，就无法在每样饼干上花太多时间。而这款糕点再简单不过了，它只需要榛果粉、天然蔗糖、无盐黄油、鸡蛋和一滴纯香草精。这款糕点不但简单，而且因为不加面粉，所以完全不含麸质。吃这些香脆饼干时，若不想喝咖啡，可以试着搭配冰激凌。

做法

将烤箱预热至 175 ℃。在烤盘上铺上烘焙纸或硅胶烤垫。

在平底锅里，把无盐黄油加热熔化后，关火，在一旁放凉。

用食物料理机把生榛果磨至接近细粉状。

在另一个碗里，把鸡蛋打散至起泡沫后，再

面团材料

无盐黄油：¼ 杯（57 克）

生榛果：¾ 杯（106 克）

鸡蛋：1 颗

天然蔗糖：½ 杯（99 克）

纯香草精：½ 茶匙

加入天然蔗糖和纯香草精。然后，倒入稍微冷却的黄油，混合均匀。最后加入榛果粉，搅拌成质地均匀的黄油糊。

舀出 1 茶匙大小的黄油糊放在烤盘上，每个黄油糊之间留 5 厘米的距离。如果要做稍微大一点的脆饼，就用指尖把黄油糊压平，以确保烤出来的榛果酥脆度一致。

烘烤 8 ~ 10 分钟，直到饼干边缘呈现暗金黄色。从烤箱中取出饼干后，留在烤盘上冷却，直到饼干变硬了，再小心地移至料理台上。

当饼干彻底冷却后，装入密封罐中，以保持饼干香脆。

Chapter 2

随时都可以进行的现代必咖

在世界上的许多地方，咖啡往往等于速度，例如美国。人们一觉醒来时，往往会拿一杯拿铁咖啡就开始做事。假如在下午时需要提神醒脑的话，人们就会去喝一杯在咖啡壶里保温了一整天的咖啡。

在瑞典，情况刚好相反，喝咖啡的这段时光通常是代表一天中的暂停，慢活一下。停下来喝咖啡，是放下手边工作、享受慢活滋味的好借口，腾出时间享受生活是很重要的。当然，大部分瑞典家庭在早餐时也喝咖啡，一杯咖啡能让你苏醒过来，不管是在工作场所，或是周末和朋友在一起，那都是一段重要时光。生命在于生活，更包括必咖所燃起的慢活。

上班时的必咖

在大部分的瑞典办公大楼里，都有一间叫"必咖室"

（fikarum）的屋子。这个让人休息一会儿的空间，通常配有厨具间和厨房以供必咖之用，也就是俗称的办公室茶水间。咖啡能把大家聚在一起，在瑞典，即使是上班时间，必咖仍是一个与人交际的理由。

如果你是个热情的同事，甚至有一天会带自家制作的肉桂卷到办公室，那么下周肯定会有人回报你的人情，你就有一个机会看看别人如何使用小豆蔻。不过，如果有人把超市买来的必咖糕点拿出来亮相的话，你大概会看到那些自家烘焙爱好者挑起眉毛、略显不屑的表情。烘焙是瑞典文化里如此重要的一部分，即使是最忙碌的人也会腾出时间亲手制作一个肉桂卷或巧克力蛋糕。

我们必咖好吗

虽然喝咖啡是瑞典长久以来的传统习惯，但以瓷杯装暗黑色过滤咖啡的北方风尚，是受了欧洲南部咖啡文化的影响——多以浓缩咖啡来招待客人。在瑞典，还能找到提供既经典又多样的糕点的格调高雅、氛围传统的咖啡馆，而现代咖啡馆则是斯堪的纳维亚简约唯美风格（想象一下白色的墙面、适宜的盆栽和很酷的布帘设计），并提供国际化菜单。

mysig 的词境

"mysig"这个瑞典词，大致可译成"安逸"。但其实它的含义更广：冬季外出踏雪后，有个暖烘烘的厨房等着人们到来；星期五晚上蜷曲在沙发上喝杯茶；在一家可爱的咖啡馆里，坐着超大的椅子，喝大杯咖啡。主要目的就是营造一个安闲舒适的氛围，安逸的心情往往与必咖是分不开的。

这个词来自"mysa"，原本的意思是"带着心满意足的微笑"，如今则被当成动词，来表达享受、放松，甚至依偎的意思。

这是一个好词，不难理解为什么这个词用在热咖啡或热茶上很搭配。不管是3月里的雨天还是7月里一个阳光明媚的下午，营造一个安逸的氛围，几乎与享受咖啡和美味的烘焙糕点同等重要。有时候是这样的场景——在花岗岩悬崖的最佳角度俯瞰湖面；有时候却是受款待的过程——祖母为了郑重地庆祝某人的生日，而拿出瓷釉咖啡杯来招待客人。如果打算把瑞典式的必咖办好，要确保那是令人心旷神怡的时光。

拿铁咖啡属于一群女性朋友午后必咖时所喝的咖啡，与叠在咖啡馆柜台面包篮里的超大松糕很相配。浓缩咖啡、卡布奇诺咖啡，甚至是手冲咖啡，在现代时髦的瑞典咖啡馆里全都找得到。经典的味道当然还是很浓郁的，像滴滤咖啡（bryggkaffe），其瑞典语叫"påtår"，意为"可再添加"，保证你的咖啡每一次都是香醇好喝的。由于瑞典人是如此热爱咖啡，甚至有一个词是专门为添加第三杯而用的，叫"tretår"。

　　当美国的咖啡馆里坐满随身携带笔记本电脑的自由工作者时，把咖啡馆当作远程办公空间的情况也随之倍增，在这里，只要不停地填满马克杯，就可以耗上几个小时，而瑞典的咖啡馆则是与朋友会面的地点。"我们必咖好吗？"（Ska via fika？）也可以说成"我们去新的咖啡馆看看如何？"冬季，你要找的是一个舒服、暖和且明亮的咖啡馆；夏季，你要的却是一个迷人的阳台，咖啡和一瓶水同时端上桌，还希望有一块铺满浓厚鲜奶油的夏季莓果塔。必咖聚会，不只是跟老朋友见面叙旧，也是花点时间珍惜美好生活的另一个理由。

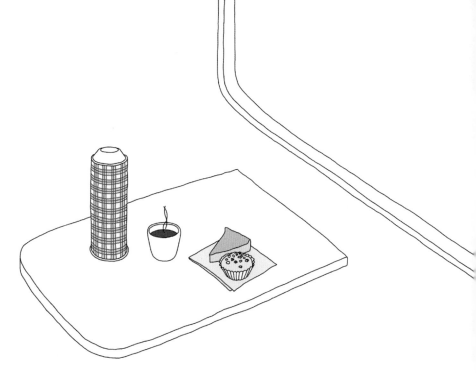

旅途中的必咖

身为一个瑞典人，要搭火车或坐长途车之前，没有不考虑必咖的。在旅途中，必咖是整个行程的一部分。在穿越瑞典的火车上，没有哪个车厢是不提供必咖的特别糕点的，只要几个瑞典币就可以买到用纸杯装的咖啡和一个肉桂卷。但是，如果想要过得更好，就得做好准备，带自家做的餐点同行。

当天来回的旅游也是一样。携带一个保温瓶和一些烘焙小点，到海滩度过一个夏日下午。冬天外出越野滑雪时，也做同样的准备。别以为在最后一分钟把格兰诺拉酥和蛋白饼条塞进包里就完事了，要把必备的必咖糕点（指那些平常会在屋里吃的糕点）包起来，将它们带到户外享用。

为必咖而出游时，携带自家烘焙的糕点，也是瑞典文化的一部分。花一个下午在森林里的远足，当然需要一个背包，背包能装进用锡箔纸包好的烘焙糕点，还有可以用来当作坐垫的东西。若是到一个新城市游览，也是造访当地咖啡馆的好机会。从乡下到斯德哥尔摩市中心，必咖都是常见的活动。到瑞典的韦姆兰（Värmland）地区旅游的话，你可能会走进一家举行必咖的老农庄，而该处最近才开放为当地手工艺品的夏日展览会场。在马尔默（Malmö）这个城市，可以用地图标示出哪里有最好吃的瑞典鲜奶油包。在哥德堡（Göteborg）市区，可以挤进一家很流行的咖啡馆，尝尝他们的巧克力球，看看有没有家里做的好吃。任何地方都有专为必咖提供的烘焙糕点，并且值得试一试。

食谱目录

这一部分介绍一些较时髦的烘焙糕点，是受年轻一代爱去的咖啡馆的糕点启发而研发的。这里所收录的食谱，可以伴随你在办公室或是在火车上的一天，还有跟朋友叙旧的一个下午。

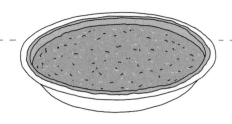

杏仁塔
mandelkaka

成品分量： 一个约 18 厘米的圆塔

　　杏仁塔（mandelkaka）是瑞典人喜爱的瑞典糕点，小小的蛋塔加上杏仁糊，再涂上糖霜。这种小糕点制作起来比较费时，而且瑞典人不常在家里做这类馅塔，而是喜欢到糕饼店吃，这就是创作这款杏仁塔的目的。虽然使用的糕点面团和杏仁塔具有相同概念，但做起来却快多了，也容易许多。这是一款足以搭配午后咖啡的馅塔，也可当作与朋友共享晚餐后的甜点。

做法

先制作面团。在大碗里，把通用面粉与天然蔗糖混合均匀。加入切成小块的无盐黄油，用手搓揉成一团，然后加入蛋黄，揉成球形圆团。用保鲜膜包好面团，放进冰箱冷藏至少 30 分钟。

将烤箱预热至 175 ℃。在 18 厘米圆烤盘上涂油，使用扣环式蛋糕模亦可。

准备馅料。先将黄油加热熔化，然后放在一旁冷却。

将生杏仁放入平底锅，干烘至呈浅棕色，然后剁碎或放入食物料理机磨成粗粉状。

面团材料

通用面粉：¾ 杯（106 克）

天然蔗糖：2 汤匙

无盐黄油：5 汤匙（71 克）

蛋黄：1 个

馅料

黄油：4 汤匙（57 克）

生杏仁：1 杯（142 克）

鸡蛋：1 颗

蛋白：1 个

黑糖：½ 杯（106 克）

在大碗里，把鸡蛋、蛋白、黑糖，搅拌至起泡沫，再放入稍微冷却的黄油，然后加入杏仁碎粉，搅拌成细滑均匀的杏仁黄油糊。

把冷藏的面团擀成 0.25 厘米的厚度，然后放到圆烤盘上。擀面团最简单的方法是把面团放在两张保鲜膜之间擀开，然后放入烤盘，用刮刀将擀开的面团均匀摊开。再将馅料放入圆烤盘上的面团中。

烘烤 20 ~ 25 分钟，使塔皮呈金黄色，杏仁黄油糊凝结。从烤箱中取出杏仁塔，冷却后再品尝。

榛果咖啡蛋糕
hasselnötskaka med kaffe

成品分量：一个约 18 厘米的蛋糕

　　这款蛋糕跟许多人所说的咖啡蛋糕一点关系都没有。之所以叫这个名字，是因为黄油糊里添加了煮过的咖啡，跟榛果搭配起来有特别的口感。这款蛋糕口感松而不重，却又够厚，让人尝起来感觉分量十足，跟许多需要用发粉发酵的松软蛋糕不同，它只需要蛋白就能做出均匀的完美稠度。小豆蔻蛋糕（参见本书第 028 页）和金奴斯基焦糖蛋糕（参见本书第 086 页）就是用同样的方法制作的。

　　榛果在瑞典烘焙糕点中是相当常见的食材。这份食谱的关键是烘烤榛果，以增加它的风味。

做法

将烤箱预热至 175 ℃。在 18 厘米扣环式蛋糕模上涂油，撒上面粉。

在平底锅里，将无盐黄油加热熔化后，关火，在一旁放凉。

将生榛果放入干燥的平底锅中，烘至呈浅褐色，然后放入食物料理机磨成细粉状。

材料

无盐黄油：10½ 汤匙（148 克）

生榛果：½ 杯（71 克）

蛋黄：3 个

黑糖：¼ 杯（53 克）

通用面粉：½ 杯（71 克）

冷咖啡：3 汤匙（浓缩咖啡较佳）

盐：¼ 茶匙

蛋白：3 个，室温
天然蔗糖：¾ 杯（148 克）

在一个碗里，把蛋黄、黑糖搅拌至起泡沫。这时所有的糖应该已经溶化，且混合液的颜色较浅。然后，把稍微冷却的黄油加入蛋黄混合液里，搅拌均匀。将通用面粉过筛后，把面粉、榛果粉、冷咖啡、盐小心地拌进黄油混合液里，搅拌时不要太用力，一直到混合液变成细滑均匀的面糊为止。

在另一个没有油的碗里，把蛋白打散，最好使用电动搅拌器。当出现软尖峰时，再一点一点地加进天然蔗糖，搅拌至可拉出硬尖峰。

小心地把打发的蛋白和面糊混合均匀，要注意别过度搅拌。然后把面糊倒进蛋糕模中。

烘烤 30 ~ 40 分钟。用刀子或牙签插进蛋糕最厚的部位，若抽出来仍然是干净的，表示蛋糕烤好了。如果蛋糕开始呈现金褐色（可能烘烤 20 分钟后发生），将它取出来，盖上锡箔纸，再放回烤箱继续烤，这样可避免烤焦蛋糕上层。

从烤箱中取出蛋糕，待稍微冷却后再端上桌。

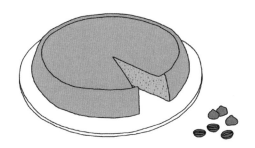

爱美味巧克力咖啡方糕
kärleksmums

成品分量：24 个

　　不管在什么样的情绪下，爱美味巧克力咖啡方糕（kärleksmums）都是能让人感觉美好的居家手工烘焙糕点。在瑞典语里，"mums"这个感叹词是"好好吃"的意思，前面加个"kärlek"，可直接译成"爱美味"。由于这款糕点已流传许久了，因此在许多食谱中它有不同的名称，比如"fiffirutor""mockarutor""snoddas"。

　　这款蛋糕是黑巧克力与浓咖啡的完美结合。爱美味巧克力咖啡方糕的传统做法，是用糖粉来制作糖霜，但我们觉得采用较奢侈的甘纳许巧克力奶油会更棒。将早上煮的咖啡留下几汤匙的量，下午动手烘焙时，就可以把咖啡加进甘纳许里，这是寒冷秋日里最完美的生活享受。

做法

将烤箱预热至 190 ℃。在 23 厘米 ×33 厘米的烤模上涂油，撒上面粉。

在平底锅里，把无盐黄油加热熔化后，关火，在一旁放凉。

在一个大碗里，把通用面粉、无糖可可粉、发粉、

面糊材料

无盐黄油：10 汤匙（142 克）

通用面粉：2 杯（284 克）

无糖可可粉：4 汤匙

发粉：2 茶匙

盐：½ 茶匙

鸡蛋：2 颗

天然蔗糖：1 杯（198 克）

牛奶：¾ 杯（180 毫升）

纯香草精：1 茶匙

甘纳许材料

浓鲜奶油：½ 杯（120 毫升）

冷咖啡：3 汤匙

70% 苦甜黑巧克力：113 克

黄油：2 汤匙（28 克）

顶料

无糖椰丝：约 ½ 杯（42 克）

盐混合均匀。

在另一个碗里，把鸡蛋、天然蔗糖搅拌至起泡沫。加入牛奶、熔化的黄油、纯香草精，然后搅拌均匀。将面粉混合料过筛后，拌进牛奶混合液里，搅拌到成为柔滑均匀的面糊，然后倒进烤模中。

烘烤 12 ～ 17 分钟。用刀子或牙签插进蛋糕最厚的部位，若抽出来仍然是干净的，表示蛋糕烤好了。从烤箱中取出蛋糕，放凉。

准备甘纳许。在平底锅里，将浓鲜奶油和冷咖啡用中火加热，直到周边开始起泡泡。转小火，把 70% 苦甜黑巧克力加进去，持续搅拌，直到巧克力溶化为止。熄火，加入黄油，搅拌至其溶化。然后冷却约 1 小时。

把甘纳许涂在蛋糕上，最上层再撒些无糖椰丝。切成 24 个大小相等的方块。

将做好的蛋糕放到密封罐里，然后放进冰箱或冷冻库里存放。

巧克力黄油杏仁小圆糕
chokladbiskvier

成品分量：20 个

　　这是经常出现在经典糕点咖啡馆的一款传统瑞典式糕点。巧克力黄油杏仁小圆糕（chokladbiskvier）是以杏仁和糖为原料，填满黄油后，再加上一层巧克力制成的。制作这款糕点需要投入比较多的时间，但的确很值得。在这份食谱里，我们加了朗姆酒以增加蛋糕的风味，不过如果比较喜欢纯黑巧克力馅的话，可以不加朗姆酒。这些小圆糕是用杏仁作原料，所以自然不含麸质。

　　如果是自己亲手氽烫杏仁，烫过之后要确保将其拍干。如果买市场上销售的现成品，可能会较干又较粗。如果是这样，就在混合料里洒一点水，但不要让它太湿。将这些小圆糕放在密封罐中，保存在冰箱或冷冻库里。

做法

将烤箱预热至 200 ℃。在烤盘上铺上烘焙纸或硅胶烤垫。

用电动搅拌器把去皮杏仁、天然蔗糖、纯杏仁精一起搅拌至混合料粘在一起。

在另一个没有油的碗里，把蛋白打散，最好使用电动搅拌器，搅打至软尖峰形成。用刮

糕体材料

去皮杏仁：1 杯（142 克）

天然蔗糖：½ 杯（99 克）

纯杏仁精：¼ 茶匙

蛋白：1 个，室温

馅料

70% 苦甜黑巧克力：70 克

无盐黄油：6 汤匙（85 克），
室温

天然蔗糖：2 汤匙

蛋黄：1 个

朗姆酒：2 茶匙。或柠檬汁、
橙汁，4 茶匙

顶料

70% 苦甜黑巧克力：110 ～ 140
克（量多一点，较容易裹上巧
克力酱）

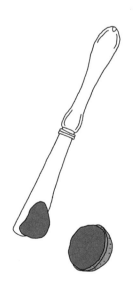

刀将蛋白拌入杏仁混合料，搅拌成杏仁糊。

把杏仁糊平分成 20 等份。每份都塑成球形，然
后移到烤盘上。用手轻轻压平每一个球。

烘烤 12 ～ 15 分钟，直到小圆糕呈现浅金黄色。
从烤箱中取出小圆糕，在料理台上放凉。

准备馅料。先将 70% 苦甜黑巧克力放在双层锅的
上层慢慢加热熔化，或是将巧克力放在耐热碗里，
然后把碗放到内有热水的平底锅中，让巧克力隔
着热水熔化。关火，放在一旁。

在另一个碗里，将无盐黄油、天然蔗糖、蛋黄搅
拌均匀。然后加入朗姆酒、熔化的 70% 苦甜黑巧
克力，搅拌成细滑均匀的巧克力黄油糊。

在小圆糕彻底冷却后，把巧克力黄油糊涂在平的
那一面。在每个圆糕的中心多加一些，形成小丘
形状。将做好的巧克力圆糕摆在盘子上，不加盖，
直接放进冰箱，直到馅料凝固，需要 15 ～ 30 分钟。

准备制作顶料。将 70% 苦甜黑巧克力放在双层锅
的上层慢慢加热熔化，或是将巧克力放在耐热碗
里，然后把碗放到内有热水的平底锅中，让巧克
力隔着热水熔化。将小圆糕轻轻地放入巧克力酱
里，当糕顶的巧克力黄油馅表面裹满巧克力酱后，
放到料理台上，等待巧克力酱凝固。

椰丝尖堆球
kokostoppar

成品分量：25 ~ 30 个

　　椰丝尖堆球（kokostoppar）是标准椰丝马卡龙的瑞典版本，可以说是必咖拼盘中重要的一款。这款糕点适合发挥不同的创意，可试着加入一茶匙的新鲜姜丝，或在尖顶上蘸点黑巧克力。这些椰丝尖堆球是不含麸质的。

做法

将烤箱预热至 175 ℃。在烤盘上铺上烘焙纸或硅胶烤垫。

在平底锅里，把无盐黄油加热熔化后，关火，在一旁放凉。

在一个碗里，把鸡蛋、天然蔗糖稍微搅拌后，加入无糖椰丝、盐、稍微冷却的黄油。将黄油椰丝糊放置 15 分钟。

从黄油椰丝糊里舀一汤匙大小的分量，放在烤盘上，做成小山丘形状。

烘烤 10 ~ 12 分钟，直到小尖堆球呈现浅金黄色。从烤箱中取出后，等它冷却。

装入密封罐中存放。

材料

无盐黄油：3½ 汤匙（50 克）

鸡蛋：2 颗

天然蔗糖：⅔ 杯（132 克）

无糖椰丝：2¼ 杯（191 克）

盐：¼ 茶匙

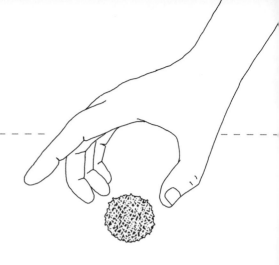

巧克力球
chokladbollar

成品分量：20 ~ 25 个

在烘焙瑞典糕点时，绝不能害怕使用黄油。这份食谱的重点是黄油，然后再加一点点巧克力。尽管这款巧克力球（chokladbollar）在绝大部分的咖啡馆可以吃到，但是它仍是非常受欢迎的居家手工糕点，因为制作起来非常容易。由于巧克力球到处可见，几乎可从它的质量来判断一家咖啡馆的水平。优质的巧克力球带有香滑巧克力的口感，又有燕麦的嚼感衬托。用燕麦制作而成，也不含麸质。

做法

用食物料理机把燕麦片磨成粗粉，要留一点粗粒，不要磨得太细。如果你没有食物料理机，就尽量买最细小的燕麦片来做，这样比较能够做出口感最好的巧克力球。

在一个碗里，把无盐黄油、天然蔗糖搅拌均匀，再加入无糖可可粉、纯香草精，搅拌均匀，然后加入燕麦粉、盐，用手把所有材料混合好。

将混合料揉成小圆球，每颗小圆球约一汤匙的分量。然后将小圆球放在椰丝上滚动，直到沾满了椰丝为止。

存放在密封罐中，再放进冰箱或冷冻库，这样能保存更长的时间。

材料

燕麦片：2 杯（198 克）

无盐黄油：½ 杯（113 克），室温

天然蔗糖：¼ 杯（50 克）

无糖可可粉：¼ 杯（21 克）

纯香草精：1 茶匙

盐：½ 茶匙

椰丝：约 ½ 杯（42 克）

湿润巧克力蛋糕
kladdkaka

成品分量：一个约 18 厘米的蛋糕

 　　直接翻译"kladdkaka"，意思就是黏稠的蛋糕。我想不需要更多的解释吧！湿润巧克力蛋糕是一款瑞典的家庭基本糕点，是既能记得牢又能随时动手制作的那种蛋糕。这款蛋糕可用来款待学校里的夜猫子，给他们充充电，或是用来庆祝生日或其他特别的日子。也可以在蛋糕上加些新鲜奶油再端上桌。创意来自经典食谱，而这一款蛋糕用杏仁粉取代了面粉，比原来的版本更有嚼劲，最适合用来款待不吃麸质食品的朋友。

做法

将烤箱预热至 175 ℃。在 18 厘米扣环式蛋糕模上涂油，使用圆形烤模亦可。

将去皮杏仁放入食物料理机，磨成接近细粉状。

在平底锅里，把无盐黄油加热熔化后，关火，在一旁放凉。

在一个碗里，把鸡蛋、天然蔗糖搅拌均匀，再加入过筛的无糖可可粉、盐，搅拌均匀。

面糊材料

去皮杏仁：½ 杯（71 克）

无盐黄油：½ 杯（113 克）

鸡蛋：2 颗

天然蔗糖：1 杯（198 克）

无糖可可粉：⅓ 杯（28 克），

再加 1 汤匙

盐：¼ 茶匙

然后加入杏仁粉、稍微冷却的黄油，搅拌成细滑均匀的可可杏仁糊。

将可可杏仁糊倒入烤模中。

烘烤 15 ~ 20 分钟。蛋糕烤好时，表面会凝结而内部却是黏稠的。可以轻轻地拿起烤模检查，如果蛋糕看起来有点稀软，那么还需要再烤一段时间；如果看起来不会摇动的话，就表示蛋糕烤好了。

等蛋糕冷却后再品尝。

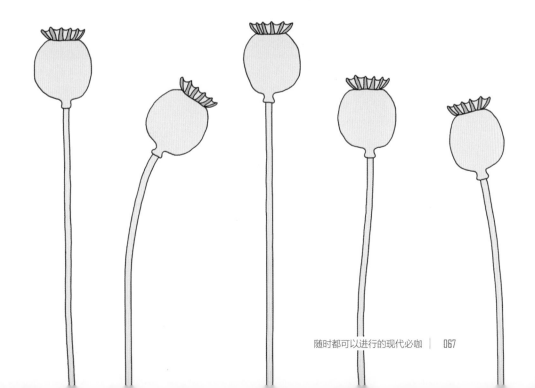

快烤包
hastbullar

成品分量：12 ~ 15 个

现代人往往喜欢为食谱取个长而复杂的名字，可是许多瑞典经典糕点的名称都非常简单。一个简短又讨喜的名字让人一目了然，快烤包（hastbullar）就是这样的糕点。"bullar"是指小面包，有许多不同的款式和口味，是必咖常见的点心。有些糕点需要费点功夫（如肉桂卷与小豆蔻卷，参见本书第024页），而这一款是为邀请朋友来必咖，却又没有太多时间做准备的人而设计的。"hast"在瑞典语里是指赶快或急忙的意思，换句话说，快烤包就是在匆忙时可以即刻动手完成的那种糕点。原本的食谱相当简单，而我们在这里稍微做了一点变化，添加了无花果干与烤榛果。

面团材料

通用面粉：2 杯（284 克）

整颗小豆蔻籽：2 茶匙，捣碎

发粉：2 茶匙

天然蔗糖：¼ 杯（50 克）

无盐黄油：7 汤匙（99 克）

无花果干：½ 杯（75 克），切碎

鸡蛋：1 颗

牛奶：¾ 杯（180 毫升）

顶料

鸡蛋：1 颗，打散

烤榛果：¼ 杯（35 克），剁碎

或改用珍珠糖

做法

将烤箱预热至 220 ℃。在松糕烤模的圆格里放入烘焙纸杯，或在普通的烤盘上放烘焙纸杯。就算没有烘焙纸杯，这些小面包也会保持形状，当然使用烘焙纸杯会比较好看。如果不用烘焙纸杯，记得在烤盘上涂油，或铺上烘焙纸或硅胶烤垫。

在大碗里，把通用面粉、捣碎的小豆蔻籽、发粉、天然蔗糖混合在一起。用手将无盐黄油一小块一小块揉入混合料，然后用指尖揉搓，直到呈现粗粉状。将无花果干加入面粉混合料里，揉拌均匀。

在小碗里，把鸡蛋、牛奶搅拌均匀，接着把面粉混合料拌入，直到成为黏稠、均匀的面糊。舀一大汤匙的分量，一一倒入烘焙纸杯中。

在每杯面糊上刷些蛋液，再撒上烤榛果。

烤 10 ~ 15 分钟，直到蛋糕上层呈现金褐色。从烤箱中取出后，等蛋糕冷却。

可趁新鲜品尝，或是放在密封罐中，存放于冷冻库。

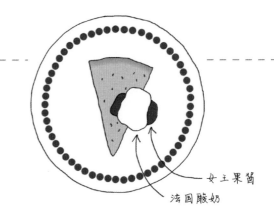

女王果酱
法国酸奶

杏仁马铃薯蛋糕
kronans kaka

成品分量：一个约 18 厘米的蛋糕

　　这款蛋糕源自 19 世纪后期，在那个特别艰苦、节约使用面粉的年代，人们常常用马铃薯泥取代面粉，来制作马铃薯蛋糕（kronans kaka）。马铃薯是瑞典的主食，要是煮太多了，将其做成蛋糕是比较好的处理方式。现在，虽然要节约使用面粉的人不多，但是若能不使用面粉来做甜点，也是一件很新鲜愉快的事，而且这款蛋糕更适合用来款待不吃麸质食品的朋友。

　　可以单吃原味的马铃薯蛋糕，但如果搭配新鲜水果和一团鲜奶油或法国酸奶也很棒，然后再加点女王果酱（参见本书第 089 页）或大黄果酱（参见本书第 078 页），味道会更棒。若想要有稍微不同的口感，也可以用烤过或氽烫过的杏仁代替生杏仁。

做法

将烤箱预热至 175 ℃。在 18 厘米的圆形烤模上涂油，撒上面粉。

将无盐黄油、天然蔗糖搅拌均匀，打入鸡蛋，搅拌出乳霜般的稠度。再用料理机将生杏仁磨成粉，然后加入杏仁粉、柠檬皮，搅拌至细滑均匀。

材料

无盐黄油：7 汤匙（99 克），室温

天然蔗糖：½ 杯（99 克）

鸡蛋：2 颗

生杏仁：1 杯（142 克）

柠檬皮：1 ～ 2 汤匙

马铃薯：大小适中，2 颗（200 克），煮熟的

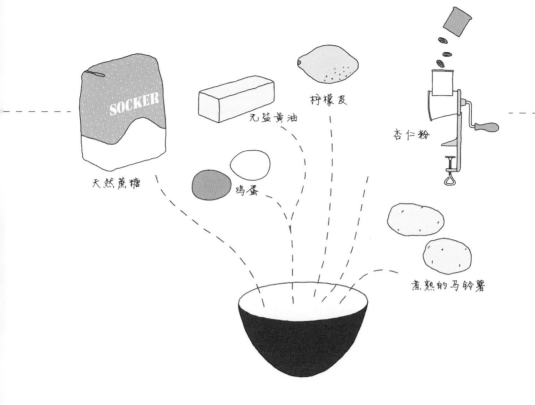

天然蔗糖

SOCKER

无盐黄油

鸡蛋

柠檬皮

杏仁粉

煮熟的马铃薯

用餐叉或黄油切刀将马铃薯捣成又滑又稠的马铃薯泥，不要有薯粒。加入黄油混合料，一起搅拌均匀。

将加了马铃薯的混合料倒入烤模，烘烤 40 ~ 50 分钟，直到蛋糕上层呈现金黄色。如果蛋糕先呈现金褐色（可能在烘烤 30 分钟后发生），将其取出烤箱，盖上锡箔纸，再放回烤箱继续烤，这样可避免烤焦蛋糕上层。

等蛋糕冷却后再切片，也可直接用烤模端出来享用。

Chapter 3

适合在户外必咖的季节

　　昼长夜短的日子里，和煦的微风带来海水的气味，以及野花与鲜采水果的香气。这是个常赤脚的季节，也是尽可能在户外用餐的时期，这就是瑞典的夏天。

　　瑞典的夏天是神圣的时节，由仲夏的庆典——夏至开始。7月和8月，是个充满阳光，雨水不多的季节，人们都会躲进避暑小屋。经过了漫长的冬天，夏天是瑞典人精力旺盛起来的时候，这些向来含蓄的北国人也会稍微放开点，花园为黄昏派对而敞开，必咖时光的咖啡供应也不中断。

　　夏季是一个逍遥自在的季节，大部分的瑞典人都享有至少1个月的假期。在许多慵懒的早晨，当阳光穿透窗帘时，人们或者窝在床上看报纸，或者在午后走进树林里寻找莓果。瑞典人天生热爱大自然，当阳光普照时，他们总是喜欢享受更多的户外时光。

　　夏日假期中，人们往往会安排几天的采莓活动。有些幸运的人家的后院就有鹅莓或黑醋栗树丛，如果没有也无妨，找个付费的"自己采"（självplock）的草莓园，或是找一整片树林的野生蓝莓也可以。等采摘完，手指会沾染上新鲜水果的蓝色、红色，回到屋里后，同时还有那些用回收塑料罐或桶子装满的夏季犒赏，等着变成美食——如果留下来的，比采摘时吃下的还多的话！

再过不久就会渐渐进入秋天，秋天也是瑞典人喜爱的季节。虽然气温逐渐降低，但只要太阳依然照耀，随时都可以套上毛衣、穿上靴子，前往森林里寻幽探胜、采摘蘑菇。从树上掉落的苹果也会陆陆续续变成糕点，在接下来的日子里，瑞典人便要开始为更冷季节的到来做准备了。

制作果酱与水果糖浆

有许多种类的莓果，甚至花朵，都可以加进果酱、水果糖浆及烘焙糕点中，也可以用来制作任何代表夏季又带有莓果口味的食物。与其他欧洲国家相似的是，瑞典人自家制作果酱是一种传统，把夏日的许多味道储存起来，以便在黑暗的冬季享用。

除了果酱外，最普遍的做法是把刚采集的新鲜莓果变成糖浆（saft），这是一种经典的瑞典式饮料。瑞典水果糖浆是一种浓缩果汁，饮用之前得加水冲调。这种饮料在各地的杂货店里都有卖，却没有一种比得上自家制作的。用莓果熬成又浓又甜的浓缩果汁，是必咖时光里孩子们最喜爱的饮料，完美的夏日野餐绝对不能缺少它。

在户外必咖，在室内必咖

　　说来说去，夏天的必咖时光就需要花时间在户外度过。一个肉桂卷和一瓶大黄甜饮跟暖和的下午很搭配。在瑞典乡下，许多农家有夏季必咖的开放场地，在花园里的舒适空间，供应新鲜面包、香浓咖啡给顾客，还会加上一两样手工烘焙点心。也有许多人在海边或湖边度过午后时光，当小朋友们在水里玩耍时，家长们把野餐垫摊开，将所有为必咖准备好的东西拿出来摆着。而城市里的朋友可以去露天咖啡座欢聚，对他们而言，若咖啡馆没有一个好的露台，根本不值得去。必咖，就是要好好享受有阳光和微风的时光。

　　即使是夏天，也会像秋天与冬天一样有下雨的日子。当夏天的雨水打在窗户上，必咖给人一种安逸的感觉，手里捧杯热饮，心里就暖烘烘的。地上铺张野餐垫，再把几块经典苹果蛋糕（参见本书第 092 页）摆出来。原来，在阴霾的下雨天，几乎也可以过得很愉快。转眼间，秋天来临时，瑞典人的背包里会多装一个热水瓶和一件毛衣，然后出门去采摘苹果。

瑞典人不太挑剔，在温带气候里生活，意味着他们只要穿上纯羊毛衣、围上一条围巾，就可以快乐地坐在室外，跟夏天晒太阳的日子没什么不同。重点是走到户外，当太阳挂在天空时，不管是什么样的气温，都要好好享受。夏天和秋天是人人喜爱的时节，不只因为有许多时间可用来游玩，还有随之而来的美食，包括初夏的大黄茎和秋天的苹果。

食谱目录

　　夏天是要欢庆的，也是一个放纵的季节，能够睡懒觉、熬夜，尽可能多吃以大黄茎为原料的食物。然后，秋天来了，秋天是苹果丰收的时节，也是采摘蘑菇的好时机。本部分的食谱受到温暖气候的启发，就在游走乡间采摘莓果或是在院子里摘水果的时候而产生。若无法采摘莓果或其他水果，可以到农民市集购买比平时多一点的分量，因为这次的制作，需要额外的分量。

大黄果酱
rabarberkompott

成品分量：473 毫升

　　不管是从自家的院子采的大黄茎还是在农民市集买来的大黄茎，新鲜大黄茎往往是许多美食的保证。处理大黄茎最简单的方法，就是把它做成果酱，之后就可用来制作多种必咖甜点。事实上，大黄果酱可做成餐后甜点，甚至一道菜肴。可以把它加进酸奶或燕麦粥里增加风味，还可以舀一匙放在杏仁小塔饼（参见本书第 122 页）上，再加一点鲜奶油，做成简单的夏季甜点。这种果酱有点酸，因为瑞典人喜欢它的酸味。若偏好甜一点的口味，可多加一些糖。

做法

把大黄茎清洗干净，用小刀削掉外皮，然后将其切成许多小块，放入锅里并加进薄荷，最后把天然蔗糖倒在上面。

用中到大火，把所有的材料煮沸，偶尔搅拌一下。刚开始煮时，这些混合料看起来很干，但是很快就会释放出汁液，所以不需要加水。舀掉浮在表层的泡沫。用中火继续煮，不时搅拌一下，直到所有大黄茎分解、天然蔗糖溶化。关火。

材料

大黄茎：10 ～ 12 根（约 1 千克）

薄荷：3 小枝

天然蔗糖：1¼ 杯（248 克）

在把其装进消毒过的干净罐子之前，先将果酱倒入搅拌器搅拌至光滑，然后倒回锅里再煮几分钟。装入罐子后，将罐子倒置，以制造出真空环境。让它彻底冷却。

存放在冰箱里，可食用1周之久。若想保存更久，就把果酱放入冷冻库里储存。

大黄糖浆
rabarbersaft

成品分量：大约 2 瓶 750 毫升瓶装容量

    除了将其做成果酱外，另一种处理大黄茎的方法，就是将其制成糖浆，这是夏日必咖除了一杯咖啡外的另一种比较棒的选择。冲调一瓶大黄糖浆（rabarbersaft），加上一盘肉桂卷与小豆蔻卷（参见本书第 024 页），你就能拥有一个理想的夏日午后休憩时光。可以在这种饮料中加入青柠檬、薄荷、杜松子酒和通宁水，做成夏日鸡尾酒，也很好喝。

做法

把大黄茎清洗干净，然后切成许多小块，不需要削掉外皮。将大黄茎块、水放入大锅里，待水煮沸后，以文火熬煮至大黄茎分解。舀掉浮在表层的泡沫。

关火，用干净的布或纱布过滤煮过的大黄汁。把过滤后的大黄汁倒回锅里，加入天然蔗糖、丁香、肉桂皮煮沸。等糖完全溶化后，将大黄糖浆锅搬离

材料

大黄茎：10 ~ 12 根（约 1 千克）

水：6 ⅓ 杯（1500 毫升）

天然蔗糖：2½ 杯（496 克）

丁香：5 颗

肉桂皮：1 根

炉火。把丁香、肉桂皮挑出来丢弃，然后将糖浆倒入消过毒的干净瓶子里。瓶子里装满糖浆后，立即密封起来。

大黄糖浆可在冰箱里存放 6 周。若想保存更久，可以把大黄糖浆装在塑料容器里，放入冷冻库储存。需要时再酌量取出。

准备大黄甜饮时，加水或气泡水冲调，1 份大黄糖浆兑 4 份水即可。

接骨木花糖浆
flädersaft

成品分量：3 ~ 4 瓶 750 毫升瓶装容量

　　如果有一种甜饮喝起来有瑞典的味道，那就是接骨木花糖浆（flädersaft）饮料，它是传统的夏季饮料，在商店、市场里都可以买到，但是自家做的总是最好的。接骨木花有些生长在人家的花园里，但生长在野外的最多。大部分瑞典人都知道哪里有可以长途跋涉去采摘接骨木花的森林。在瑞典境外，就要自己种植或寻找接骨木花，才能为必咖增添一点特别的味道。这份食谱是尤翰娜跟园艺师 Göran 学来的。

做法

把小小的接骨木花用餐叉从细枝上刷下来或用剪刀剪下。用水冲洗柠檬，然后将其切成薄片。把柠檬片、花一起放入干净的桶里。

将水倒进锅里煮沸，然后搅入天然蔗糖。等糖完全溶化后，拌入柠檬酸。

把天然蔗糖混合料锅搬离炉火，再倒入柠檬片与花。盖上盖子，放在阴凉处 3 ~ 4 天。要确保水完全淹没柠檬片和花。如果需要的

材料

接骨木花：40 束

柠檬：4 颗

水：8½ 杯（2000 毫升）

天然蔗糖：10 杯（2 千克）

柠檬酸：2 茶匙（30 克）

话，可用一个盘子压在上面，好让材料沉入水里。

过滤糖浆以除去花和柠檬片，再将糖浆倒入消毒过的干净玻璃瓶里，放在冰箱可存放 6 周。如果想要保存更久的话，把接骨木花糖浆装在塑料容器里，放入冷冻库储存。需要时再酌量取出。

准备接骨木花饮料时，加水或气泡水冲调，1 份糖浆兑 4 份水即可。

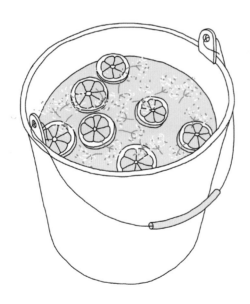

覆盆子派佐香草酱
hallonpaj med vaniljsås

成品分量：一个约 20 厘米的派饼

一桶覆盆子就像一盆黄金那么宝贵，制作这款派能物尽其用。尤翰娜的母亲 Mona 的朋友用苹果酱做派，而她受了苹果派的启发，将苹果派改为覆盆子派。我们认为使用覆盆子做派最佳，而且可以搭配在瑞典水果派上常用的传统香草酱。

做法

在一个碗里，把无盐黄油、天然蔗糖搅拌均匀，再加入鸡蛋、纯香草精，搅拌均匀。

在另一个碗里，将通用面粉、发粉拌匀，然后加入黄油混合料中，用双手揉和，直到成为球形面团。把面团揉成圆长条形，将圆长条形面团放进冰箱至少冷藏 30 分钟。经过冷藏的面团比较容易擀开。

将烤箱预热至 175 ℃。在 20 厘米扣环式蛋糕模上涂油。

将 ⅔ 的面团，用擀面杖擀成直径 20 厘米的圆形面团，厚度略大于 0.25 厘米。擀面团较容易的方法是把面团放在两张保鲜膜之间用擀面杖擀开。将

面团材料

无盐黄油：9 汤匙（128 克），室温

天然蔗糖：½ 杯（99 克）

鸡蛋：1 颗

纯香草精：¼ 茶匙

通用面粉：1¾ 杯（248 克）

发粉：1½ 茶匙

馅料

新鲜覆盆子：约 4 杯（510 克）

黑糖：2 汤匙

经典香草酱材料

香草荚：1 大根

对半鲜奶油（等量鲜奶
油与牛奶的混合）：
1 杯（240 毫升）

浓鲜奶油：1 杯（240
毫升）

蛋黄：3 个

天然蔗糖: ⅓ 杯（66 克）

擀好的面团放入烤盘，把新鲜覆盆子摆在上面并撒上
黑糖。

用同样的方法，把剩下的面团擀开至同样的厚度。用
刀子或糕点切刀把面团切成 1 厘米宽的面条。将面条
对角交叉摆在覆盆子上，做出格子图案，然后放入蛋
糕模中。

烘烤 30 ~ 40 分钟。当覆盆子果汁开始冒泡时，就表
示派已经烤好了。如果派先呈现金褐色（可能在烘烤
15 分钟后发生），将其取出烤箱，盖上锡箔纸，再放
回烤箱继续烤。

从烤箱中取出烤好的派，放凉。

要制作香草酱，得先把香草荚对切。将对半鲜奶油、
香草荚、浓鲜奶油一起放入锅里，煮沸，然后关火，
放凉约 15 分钟。

将蛋黄、天然蔗糖搅拌至起泡沫，然后加入已经放凉
的香草混合液。放回炉火上，以中火转小火小心地煮，
要注意别让它煮沸。不停地搅拌，直到酱汁开始变浓稠，
约需 2 分钟。煮得越久越容易变成布丁而不再是酱汁。
拿掉香草荚后，放进冰箱冷藏。

端出覆盆子派时，要将酱汁淋上去或摆在派的旁边。
酱汁放在冰箱可保鲜 1 ~ 2 天，最好是当天准备，当
天享用。

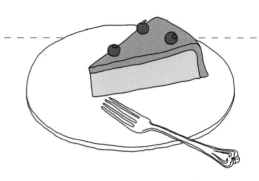

金奴斯基焦糖蛋糕
kinuskikaka

成品分量：一个约 18 厘米的蛋糕

　　金奴斯基焦糖蛋糕（kinuskikaka）源自芬兰，是一种蛋糕顶层有厚厚的焦糖的甜点，芬兰语称其为"金奴斯基"（kinuski）。这份食谱来自尤翰娜在芬兰的亲戚 Åströms。又甜又奢华的蛋糕足以诱惑不嗜甜食者的味蕾。为了发挥甜的口感，我们多加了一层越橘。越橘是瑞典人喜爱食用的莓果。莓果塔的口味与焦糖搭配出独特又好吃的蛋糕。如果买不到越橘，用红醋栗或覆盆子也行。

做法

将烤箱预热至 175 ℃。在 18 厘米扣环式蛋糕模上涂油，撒上面粉。在平底锅里，把无盐黄油加热熔化后，关火，在一旁放凉。

用食物料理机把去皮杏仁磨成细粉。

在一个碗里，把蛋黄、黑糖搅拌均匀，直到黑糖溶化，混合液呈现浅浅的颜色。将稍微冷却的黄油加进蛋黄混合液里，搅拌均匀。将通用面粉过筛后，与杏仁粉、纯杏仁精、

面糊材料

无盐黄油：10½ 汤匙（148 克）

去皮杏仁：1 杯（142 克）

蛋黄：3 个，室温

黑糖：¼ 杯（53 克）

通用面粉：½ 杯（71 克）

纯杏仁精：¼ 茶匙

盐：¼ 茶匙

蛋白：3 个，室温

天然蔗糖：¾ 杯（148 克）

焦糖酱

浓鲜奶油：1 杯（240 毫升）

黑糖：1 杯（213 克）

顶料

越橘：一小把

盐一起拌入黄油混合液里，轻轻地搅拌成柔滑均匀的杏仁面糊。

在另一个没有油的碗里，把蛋白打散，最好使用电动搅拌器。搅打至可拉出软尖峰后，再把天然蔗糖一点一点地加进去，搅拌至可拉出硬尖峰。轻轻地把打发好的蛋白混合液拌入杏仁面糊，搅拌至柔滑均匀。注意不要过度搅拌，然后直接倒入蛋糕模中。

烘烤 30 ~ 40 分钟。用刀子或牙签插进蛋糕最厚的部位，若抽出来仍然是干净的，表示蛋糕烤好了。如果蛋糕开始呈现金褐色（可能在烘烤 20 分钟后发生），将其取出烤箱，盖上锡箔纸后，再放回烤箱继续烤。

从烤箱中取出蛋糕，冷却后再脱去蛋糕模。

制作焦糖酱。先把浓鲜奶油、黑糖放进锅里，用中火慢慢地煮沸，要不时地搅一搅。煮 30 ~ 40 分钟直到变浓稠。检查焦糖酱的制作是否成功，可以舀一汤匙起来，放凉一会儿，观察焦糖酱是否很浓稠且粘在汤匙上，就与常见的焦糖酱相似。把焦糖酱移离炉火，让它冷却一下。趁焦糖酱还有点热度，仍是液体时，将它一点一点地淋在蛋糕上，之后它会渐渐凝固。这样的浇淋方法可确保不会把糖酱弄得到处都是。

等焦糖酱彻底冷却后，再把越橘摆到蛋糕上，接着就可以切着吃了。

如果不想用完所有的焦糖酱，可以把剩下的焦糖酱装进玻璃罐中。把焦糖酱淋在冰激凌或饼干上，它们的口感都会很棒。

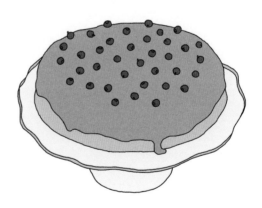

女王果酱
drottningsylt

成品分量：473 毫升

　　一半蓝莓和一半覆盆子，女王果酱（drottningsylt）是瑞典果酱中很重要的一款，鲜艳的颜色与丰富的口感兼具，是指印果酱酥饼（参见本书第 038 页）的理想材料，也是这本书 Chapter 5 里可以涂在任何面包和脆饼上的甜果酱。如果找不到新鲜莓果，可用冷冻莓果来制作果酱，但要注意的一点是，莓果的重量标注是以新鲜的莓果为标准的。

材料	做法

材料

新鲜覆盆子：2 杯
（255 克）

新鲜蓝莓：1 杯
（141 克）

天然蔗糖：¾ 杯
（148 克）

做法

把新鲜覆盆子、新鲜蓝莓、天然蔗糖，放入中等尺寸的锅里。用中火把所有材料煮沸，直到达到需要的浓稠度，需 15 ~ 30 分钟，由莓果是否多汁而定（检查浓稠度时，可先把一个小盘子放进冰箱。当盘子变冰冷后，从冰箱中取出来，舀一汤匙果酱放在冰冷的盘子里。几分钟后，用手指推推果酱，如果有弹性，外层起皱，表示凝固得很好。倘若果酱还是很稀，就继续煮直到达到需要的浓稠度为止）。

将锅移离炉火，把果酱装入消毒过的干净罐子里。盖紧盖子，把罐子倒置，以制造真空环境。让它彻底冷却。存放在冰箱的保鲜室中，可食用一个月。若想保存更久，可把果酱放进冷冻库存放。

黑莓杏仁蛋糕
mandelkaka med björnbä

成品分量：一个约 18 厘米的蛋糕

　　夏季，大概不会想花太多时间在闷热的厨房里烘焙糕点吧！因此，若有一款简单的蛋糕，能在几分钟内就把一些食材组合在一起，是件很棒的事。而且可以就地取材，使用不同的莓果。这份来自安娜的阿姨 Lotta 的食谱，绝对可以让你自由发挥。除了加黑莓外，还可以用其他莓果或水果，如覆盆子、蓝莓，甚至是对半切开的李子。单吃蛋糕或搭配一些新鲜奶油都可以。在蛋糕上撒点肉桂粉和蔗糖，也很美味。

做法

将烤箱预热至 200 ℃。在 18 厘米圆形烤模上涂油，撒上面粉。

在平底锅里，把无盐黄油加热熔化后，关火，在一旁放凉。

在大碗里，把鸡蛋、天然蔗糖、纯杏仁精搅拌至起泡沫。拌入稍微冷却的黄油搅拌均匀。将通用面粉过筛后，拌入黄油混合液中，搅拌成柔滑均匀

材料

无盐黄油：6 汤匙（85 克）

鸡蛋：2 颗

天然蔗糖：¾ 杯（148 克）

纯杏仁精：1 茶匙

通用面粉：1 杯（142 克）

新鲜黑莓：约 1 杯（113 ～ 142 克）

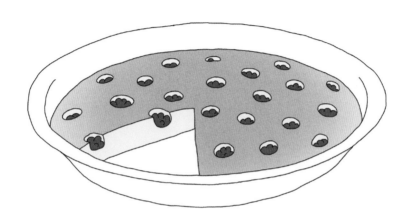

的面糊。

把面糊倒入烤模中。在面糊上均匀地、分散地摆上黑莓。不必把黑莓压进蛋糕里，在烘烤的过程中，黑莓会因为本身的重量而自然下陷。

烘烤 20 ～ 30 分钟，直到蛋糕呈现金黄色。用刀子或牙签插进蛋糕最厚的部位，若抽出来仍然是干净的，表示蛋糕烤好了。从烤箱中取出蛋糕，冷却后再品尝。

经典苹果蛋糕
fyriskaka

成品分量：一个约 18 厘米的蛋糕

　　夏末转入初秋之际，经典苹果蛋糕（fyriskaka）是必咖时光最棒的款待客人的甜品。一块湿润爽口的肉桂苹果蛋糕，是真正的瑞典经典甜品。和其他蛋糕一样，这款蛋糕也有许多版本和花样，这个版本则添加了一点捣碎的小豆蔻，多了一种风味。你可以单吃蛋糕，若加一点鲜奶油或香草冰激凌，也是很棒的。

做法

将烤箱预热至 175 ℃。在 18 厘米扣环式蛋糕模上涂油，撒上面粉。

在平底锅里，把无盐黄油加热熔化后，关火，加入小豆蔻籽，在一旁放凉。将苹果去皮，切成薄片。用料理机把肉桂磨成粉。

在大碗里，把肉桂粉、2 汤匙黑糖混合起来，然后加入苹果片小心地翻拌，使所有苹果片均匀地裹上肉桂粉和黑糖，放在一旁备用。

在另一个大碗里，把稍微冷却的黄油、天然蔗糖搅拌均匀。将鸡蛋一颗一颗慢慢地加进去，搅拌均匀。将通用面粉

材料

无盐黄油：9 汤匙（128 克）

小豆蔻籽：1 茶匙，磨碎

苹果：中等大小（454 克），3 ~ 4 颗

黑糖：3 ~ 4 汤匙

肉桂粉：1½ 茶匙

天然蔗糖：⅔ 杯（132 克）

鸡蛋：2 颗

肉桂

苹果

黑糖

通用面粉：1 杯（142 克）
发粉：½ 茶匙

过筛后，和发粉一起加入鸡蛋混合液中，小心地搅拌成柔滑的面糊。

把面糊倒进蛋糕模中，再将苹果片绕成圆圈摆在上面，苹果片之间要靠得很近。最后，将剩余的 1 ~ 2 汤匙黑糖撒在上面。如果你喜欢，也可以撒上一点点小豆蔻籽。

烘烤 30 ~ 40 分钟。用刀子或牙签插进蛋糕最厚的部位，若抽出来仍然是干净的，表示蛋糕烤好了。从烤箱中取出蛋糕，冷却后再品尝。

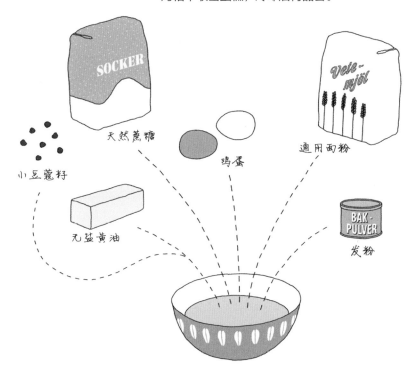

小豆蔻籽

天然蔗糖

鸡蛋

通用面粉

无盐黄油

发粉

Chapter 4

庆祝比平常特别的日子

必咖是一个珍惜每天的好理由，日常生活中，从生日到圣诞节，总有许多事情值得庆祝一番，寻常的日子也就变得特别了。好好装扮一下，准备一些特别的甜点助兴，必咖就变成一场热闹的庆祝派对。

命名日（namsdagar）

命名日的习俗源自基督教的圣人年历。每一位圣人都有属于自己的特别飨宴日，以圣人之名取名的人们就在同一天庆祝。如今，瑞典的年历随着时代变迁并入许多新时代的名字，这些新名字不一定能追溯到与圣人相关的渊源，不过命名日的传统习俗还是保留了下来。命名日几乎可以作为另一个生日（没有压力，也没有又老了一岁的焦虑）。

你也许会收到祖母寄来的"命名日愉快"贺卡，以及父母的一通电话或是朋友的必咖邀请。因为值得庆祝，所以命名日的必咖糕点必须超越经典的肉桂卷和小豆蔻卷。总之，这一天是多层鲜奶油蛋糕及公主蛋糕（prinsesstårta）最受欢迎的一天。

公主蛋糕（prinsesstårta）

瑞典公主蛋糕是庆祝的标配，不管是生日、命名日还是任何特殊节日，都可以选择吃这款蛋糕。这是一款由很好吃的海绵蛋糕层层叠上鲜奶油和覆盆子酱，并裹以绿色杏仁糖衣的糕点。通常蛋糕上还会点缀一朵杏仁糖衣做的玫瑰花。这款蛋糕的做法并不简单（在瑞典，可以在店里买到用来点缀蛋糕的绿色杏仁糖衣），所以人们习惯到咖啡馆购买成品。买一块公主蛋糕，甚至买下整个蛋糕，装入盒子，系上缎带，就表示有喜事要庆祝。当访客带着这样的蛋糕登门时，你就知道当天是一个很特别的日子。

忏悔星期二（fettisdagen）

冬末春初，瑞典的甜点店里的橱窗摆设是没有人可以抗拒的诱惑。这是一个享用鲜奶油包的时节，甜面包、杏仁糊与鲜奶油是超棒的组合。这款专为"忏悔星期二[①]"节日而做的传统面包，从新年开始到 3 月底的这几个月，都可以在瑞典的咖啡馆或面包店找到。

仲夏（midsommar）

在终年气候几乎寒冷阴暗的国度里，瑞典人热爱为拥有阳光而庆祝，这并不是件令人讶异的事。这个庆祝夏至的仲夏传统，对瑞典人来说，与复活节、圣诞节同等重要。夏至是北半球一年内日照时间最长的一天。在瑞典北部，太阳甚至不会下山，人们有一整天的时间可以开派对。许多市镇和小区纷纷举办丰富热闹的活动，包括围绕着五朔节花柱（midsommarstång）载歌载舞的传统活动。

接下来是食物。大部分的瑞典人会邀请或受邀参加晚宴。即使气温很低，大家仍围坐在户外的长桌旁。桌上备有丰盛的菜肴，比如新马铃薯、腌鲱鱼、持续供应的白兰地和啤酒。

然后就是甜点。餐桌上也会出现以当令食材制作的糕点拼盘。就如圣诞节那般，蛋糕和饼干做成专属节庆的各式花样。

---

① 忏悔星期二：圣灰星期三的前一天。在许多地方，人们通过狂欢节、化装舞会和化装游行的方式来庆祝这个节日。

人们获得不同于平常的特殊款待。草莓搭配鲜奶油，是第一款也是最重要的仲夏甜点。

有充裕时间的人可能会烤草莓蛋糕（jordgubbstårta），即在松软的海绵蛋糕上铺一层鲜奶油和草莓。如果不想用蛋糕款待宾客，我们推荐用姜味蛋白霜（参见本书第 104 页）搭配草莓和少许鲜奶油。此外，若要撑过漫漫长夜的联欢节目，绝对不能少了浓咖啡。

生日（födelsedag）

传统的瑞典生日派对称为"kalas"，派对上往往会出现多层海绵蛋糕，可能是公主蛋糕，也可能是其他搭配鲜奶油的精美多层蛋糕。幸运的话，还会有一盘摆满各式各样酥饼和糖果的拼盘。有些国家比较流行铺上一层糖衣的生日蛋糕，而瑞典式生日蛋糕和多层蛋糕则偏爱以鲜奶油为主。即使派对的规模太大，没有时间制作蛋糕，鲜奶油还是会出现，就加在蛋白糖酥上，配上巧克力酱，一起做成瑞典式的圣代极品。

圣诞节（Jul）

在寒冷又黑暗的冬季，12 月最适合天天用美食和好酒来取暖。圣诞节的许多庆典和准备工作都在 12 月进行，也有许多欢庆时刻。一如 7 种饼干是正统的酥饼拼盘一样，圣诞烘焙糕点（julbak）是必须在 12 月制作的正统糕点。即便是极少把搅拌碗拿出来使用的瑞典人，也会在这时期动手试做一两款姜饼（pepparkaka）应景。香料的辛香气味撩起节庆感。

坐在暖烘烘的厨房里，面前一盘圣诞姜饼，窗台上摆着圣诞烛台，这时候只想静静待着，根本不想出门。

将临期与圣露西亚节（advent and lucia）

瑞典人在庆祝圣诞节到来之前的 4 个周日，每个周日都要为将临期台添加蜡烛，并做一盘美食款待家人和朋友。这时期的必咖时光称为"将临期咖啡"（adventskaffe），是 12 月每个周日与亲友欢聚的时光。傍晚，大家共聚一堂吃圣诞糕点（julbakelser）、喝香料酒（glögg）或咖啡。你很难拒绝整个 12 月都有好东西吃的传统活动的盛情邀请。而举办一个将临期咖啡聚会，能展现出你对瑞典传统的重视。藏红花包与瑞典脆姜饼（参见本书第 116 页）是比较常见的待客糕点，黄色藏红花包和填满香料的棕色姜饼摆在一起，

既搭配又耀眼。藏红花包（参见本书第 111 页），又叫"路瑟卡特"（lussekatter），是庆祝圣露西亚节（12 月 13 日）的招牌糕点。从多个角度来看，圣露西亚节是圣诞节庆祝活动的开始，圣诞烘焙糕点会从这时开始陆陆续续出现，一直到圣诞节当天。

12 月的饮料该选择什么呢？咖啡当然是很棒的选择，但基于节庆的缘故，可以考虑瑞典香料酒（参见本书第 124 页），这是此时节喝的酒。这种酒既温热又带有辛香味，让家里闻起来有 12 月该有的气味。没有心思办聚会？倒杯咖啡给自己，

把一块藏红花包摆在木盘上，点根蜡烛，蜷缩着窝在沙发上。在 12 月里，就是要有温暖舒适的感觉。

平安夜（julafton）

传统的圣诞餐桌（julbord）上摆满了腌鲱鱼、火腿、马铃薯以及其他美食。此外，平安夜也有许多烘焙糕点可让人大快朵颐，一杯香料酒搭配一块藏红花糕佐杏仁糊（参见本书第 114 页），还有口感酥脆的杏仁小塔饼（参见本书第 122 页）加莓果酱和鲜奶油，有那么多美食端上桌，千万别因为自己一整天都在吃而觉得不好意思，就算是以圣诞饼干和香料酒当早餐作为一天的开始也不过分。

食谱目录

　　你无论是打算办个传统的将临期咖啡聚会，还是办个新潮的生日派对，这里有最主要的节庆食谱，是为特别时节的必咖时光而编写的。

榛果蛋白霜千层糕
marängtårta med hasselnötter

成品分量：一个约 18 厘米的蛋糕

　　庆祝生日时，没有什么食材比鲜奶油更具瑞典风味。这份食谱是用巧克力、榛果、蛋白霜搭配制作出一款奢华的甜点，足以献给任何人在特别的日子里享用。这份食谱是安娜的母亲 Britta 在一本 19 世纪 70 年代的杂志中找到的，是她家人的最爱。我们对其稍微做了调整，在蛋糕中间多加了一层黑莓、覆盆子或苹果酱。

做法

将烤箱预热至 150 ℃。在两个 18 厘米圆形烤模（最好使用扣环式蛋糕模）上涂油，撒上面粉。也可使用一个长方形烤盘，将蛋糕烤好后对半切，做成两个蛋糕层。

准备双层蛋糕。在碗里，把无盐黄油、天然蔗糖搅拌均匀。在另一个大碗里，把蛋黄打散，再拌入黄油混合液、香草精、牛奶，搅拌均匀。最后，用刮刀把通用面粉与发粉拌进混合液里，直到成为质地柔滑均匀的面糊。

面糊材料

无盐黄油：6 汤匙（85 克），室温

天然蔗糖：¾ 杯（148 克）

蛋黄：4 个

纯香草精：1 茶匙

牛奶：¼ 杯（60 毫升），再加 1 汤匙

通用面粉：¾ 杯（106 克）

发粉：1½ 茶匙

黑巧克力碎片：⅓ 杯（57 克）

榛果：¾ 杯（106 克），烤过后切细碎。另外加量做顶料装饰

蛋白霜材料

蛋白：4 个，室温

天然蔗糖：½ 杯（99 克）

最后搭配材料

浓鲜奶油：1 ～ 1½ 杯（240 ～ 360 毫升），打发，其用量由打算铺多少鲜奶油而定

无糖可可粉：1 ～ 2 汤匙，最后撒在蛋糕上

将面糊分成 2 等份，分别倒入两个烤模中，均匀平铺至烤模边缘。在两个烤模的面糊上均匀地撒些黑巧克力碎片，再将 ¾ 杯的榛果均匀地撒在两份面糊上。

准备制作蛋白霜。在一个没有油的大碗里，用电动搅拌器把蛋白搅打至可拉出软尖峰，再把天然蔗糖一点一点地加进去，搅打到可拉出硬尖峰。

把蛋白霜均匀地倒进两个烤模中，要完全盖住巧克力碎片和榛果。

烘烤 40 分钟，直到蛋白霜呈现深金黄色并且看起来脆脆的。从烤箱中取出蛋糕，在烤模中放凉。

蛋糕冷却后，小心地把蛋糕脱去烤模。

把一层蛋糕铺在托盘上，然后涂上浓鲜奶油。接着把第二层叠上去，再涂上浓鲜奶油。如果用 1 杯（240 毫升）的浓鲜奶油，应该足够涂满两层之间与上层。如果用 1½ 杯（360 毫升）的浓鲜奶油，则可连蛋糕外侧都涂满。最后将无糖可可粉撒在蛋糕上并加上剩余的榛果。

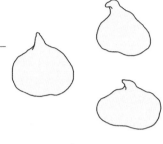

姜味蛋白霜
ingefärsmaränger

成品分量：大约 15 个大蛋白霜或 30 个小蛋白霜

　　瑞典甜点中引进了不少人们喜爱的古老欧式糕点，姜味蛋白霜就是其中一款，仅是加入姜粉就很好吃，如果加上鲜奶油和草莓，它的口感会更棒，甚至可以取代草莓蛋糕。姜味蛋白霜通常会搭配鲜奶油、淋上巧克力酱，以酥饼形式端上桌。

做法

将烤箱预热至 95 ℃。在烤盘上铺上烘焙纸或硅胶烤垫。

用一片柠檬涂擦干净碗内侧（使用不锈钢碗较佳），然后用这个碗来打发蛋白。理想的做法是用电动搅拌器搅打至可拉出软尖峰，约需 2 分钟，再把糖一点一点地加进去，搅打到蛋白霜表面光滑至可拉出硬尖峰，需 5 ~ 10 分钟。如果把碗颠倒过来，蛋白霜应该稠到能够粘住碗而不会掉落下来，这样就可以了。最后，加入新鲜姜粉再搅打一会儿。

材料

柠檬片：1 片
蛋白：3 个，室温
天然蔗糖：¾ 杯（148 克）
新鲜姜粉：1 茶匙

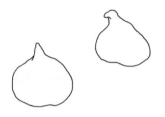

舀起 1 汤匙分量的蛋白糊，一勺一勺地放到烤盘上，大约用 1 汤匙的量来做小蛋白霜，2 汤匙的量做大蛋白霜。也可用挤花袋，把蛋白霜挤出不同的形状。

小蛋白霜需烤 1.5 小时，大蛋白霜则需烤 2 小时。烤好后，蛋白霜的外层应是脆的，内部应是空的。关掉烤箱电源，让蛋白霜在烤箱里慢慢冷却。

蛋白霜存放在密封罐里，可以保存几个星期。

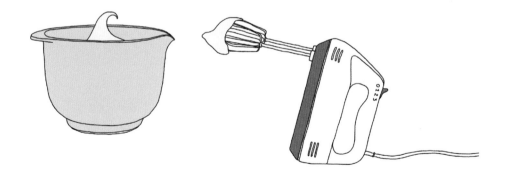

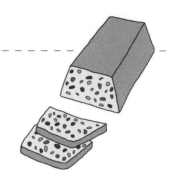

水果蛋糕
fruktkaka

成品分量：一个约 18 厘米的长方形蛋糕

一说水果蛋糕（fruktkaka），大部分人不禁会打个冷战。但这款水果蛋糕不是人们刻板印象中很单调的美式水果蛋糕，而是那种绵密美味又奢华，只要一端上桌，过不了几分钟就会被吃光的水果蛋糕。这份食谱是安娜的外婆 Nellie 传下来的，她每年制作水果蛋糕时，都会使用水果蜜饯。可是我们觉得用真正的水果干更好，如无花果干与黑枣干。当然，在招待前一定要预先做好，因为蛋糕浸泡在吸满威士忌的粗棉布或纱布里，至少要放一个星期以上才会入味。

做法

将烤箱预热至 175 ℃。准备两个 18 厘米 ×10 厘米的面包烤模。在大碗里，将无盐黄油、天然蔗糖搅拌均匀，慢慢加入蛋黄，搅拌出乳霜般的稠度。然后加入无花果干、黑枣干、醋栗干、橙皮，搅拌均匀。拌入通用面粉搅拌均匀。

材料

无盐黄油：14 汤匙（198 克），室温

天然蔗糖：½ 杯（99 克）

蛋黄：4 个

无花果干：½ 杯（75 克），切细碎

黑枣干：½ 杯（75 克），去核，

切细碎

醋栗干：½ 杯（71 克）

橙皮：1 颗中等大小的鲜橙

通用面粉：1½ 杯（213 克）

蛋白：4 个，室温

威士忌、白兰地或朗姆酒：约 ½ 杯（120
毫升）

在另一个碗里，把蛋白搅打至可拉出硬
尖峰，然后小心地拌入面糊里，直到面
糊变得浓稠。

用刮刀把面糊刮进面包烤模里。烘烤
50 ~ 55 分钟。用刀子或牙签插进蛋
糕最厚的部位，若抽出来仍然是干净
的，表示蛋糕烤好了。从烤箱中取出
蛋糕，冷却后再脱去烤模。

将一块粗棉布或纱布放进碗里，然后倒
入威士忌，等棉布或纱布吸满酒液后，
用它包住整个水果蛋糕，再用锡箔纸包
住外层，存放在黑暗阴凉处 1 ~ 4 周。

要品尝时，拿掉外层包装，切成薄片
再端上桌。

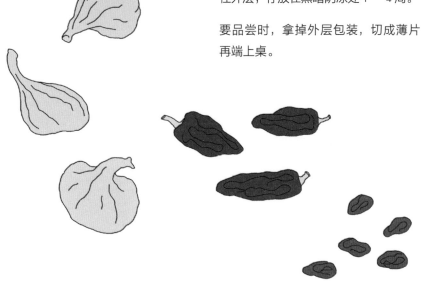

瑞典鲜奶油包
semlor

成品分量：12 ~ 16 个

在瑞典，鲜奶油包和忏悔星期二的庆典有直接关系。事实上，这个填满杏仁糊与浓鲜奶油的甜面包，甚至被称为油面包（fettisbulle），凭借高热量、高甜度和大量鲜奶油赢得人们的喜爱，自然而然地成为展开四旬斋①前的一款糕点。而如今从新年到复活节都可以在咖啡馆或面包店里找到它。不过，若要坚持传统，亲手为忏悔星期二制作一批鲜奶油包，别忘了搭配一大壶法式滤压壶咖啡。

做法

在平底锅里，把无盐黄油加热熔化，然后加入牛奶，煮至手可触碰、不会太烫的热度（约43 ℃）。在小碗里，用 2 ~ 3 汤匙的热牛奶混合液将活性干酵母溶解。搅拌后放在一旁，直到酵母液上层开始冒泡，约需 10 分钟。

在大碗里，把鸡蛋（1 颗）、天然蔗糖加在一起，搅拌均匀。倒入牛奶混合液，再加入

面团材料

无盐黄油：7 汤匙（99 克）

牛奶：1 杯（240 毫升）

活性干酵母：2 茶匙

鸡蛋：2 颗

天然蔗糖：¼ 杯（50 克）

通用面粉：3½ 杯（496 克），若需要可多加点

---

① 四旬斋：也叫大斋节，封斋期一般是从圣灰星期三（大斋节的第一天）到复活节的四十天。

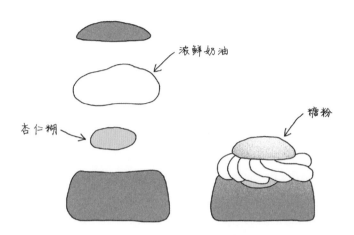

浓鲜奶油

杏仁糊

糖粉

发粉：1 茶匙

盐：½ 茶匙

小豆蔻籽：2 茶匙，捣碎

馅料

去皮杏仁：2 杯（284 克）

天然蔗糖：¼ 杯（50 克）

纯香草精：1 茶匙

牛奶：½ ~ 1 杯（120 ~ 240 毫升），由馅料的干湿度而定

最后搭佐材料

浓鲜奶油：½ ~ 1 杯（120 ~ 240 毫升），打发，涂在面包上，使用量由品尝分量而定

糖粉：撒在蛋糕上

酵母液，搅拌均匀。然后拌入面粉、发粉、盐、小豆蔻籽。用手或木匙把面团揉和均匀。

把面团移到料理台上，揉和至光滑有弹性，需 3 ~ 5 分钟。这时候的面团摸起来应该有湿润感，但如果粘手指或台面的话，就加一点通用面粉，加一点点就好，如果加太多，烤出来的面包会变干。在面团彻底揉和好后，用锋利的刀切开它，会看到面团里遍布分散的小气孔。把面团放回碗里，盖上一块干净的布，然后放在暖和的地方，让它发 45 分钟。

在烤盘上涂油，或将硅胶烤垫铺在烤盘上。把面团分成 12 ~ 16 等份，揉成球形。每颗面球之间相隔 25 厘米的距离。盖上布，让面球继续饧发 30 ~ 45 分钟。

将烤箱预热至 200 ℃。

搅打剩余的鸡蛋，在面球上刷蛋液。烘烤 10 ～ 15 分钟，直到面包呈现金黄色。从烤箱中取出面包，移到料理台上，盖上布放凉。

准备馅料。将去皮杏仁、天然蔗糖、纯香草精，放入食物料理机，直到将杏仁磨成细粉，混合料开始粘在一起。

在每个烤好的面包上面切出圆盖，放在一旁备用。然后在每个面包里切出一个洞，留下大约 0.5 厘米的边界，注意别切到面包底部。用汤匙把切掉的部分舀起来，放进一个大碗里，再拌入杏仁混合料，搅拌均匀。然后倒入足够的牛奶，让混合料变得又浓稠又柔滑，且不会太稀。

将牛奶混合料填入面包，再加入鲜奶油，接着将面包圆盖放上去，撒一些糖粉后，立刻端上桌品尝。

小提示：很少人会一口气制作整批鲜奶油包。最好的办法是把剩下的面包冷冻起来。当下次要吃鲜奶油包时，再把这些面包拿出来解冻，然后用适量的牛奶混合料和鲜奶油来制作新鲜的鲜奶油包。

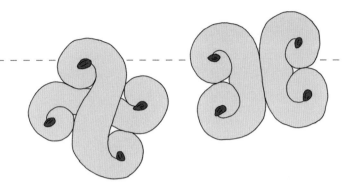

藏红花包
lussekatter

成品分量：30 ~ 40 个

藏红花在瑞典有很悠久的历史，它曾经被用来制作皇室专用香料，时至今日，它仍然特别，但已经比较容易买到。要使用这种香料时，就表示圣诞节快要来临了。藏红花包（lussekatter）与圣露西亚节的关联最密切，是庆祝 12 月 13 日的小面包。由于圣露西亚头戴一顶插满蜡烛的花冠，因此这个传统宗教节日在现代被称为庆祝"光"的佳节。藏红花包可做成许多形状，最简单也最著名的是 S 形。当然，你可以自由发挥，做出自己想要的造型（参见本书第 112 ~ 113 页）。

材料

藏红花：½ 茶匙

威士忌或白兰地：少许

无盐黄油：¾ 杯（170 克）

牛奶：2 杯（480 毫升）

活性干酵母：2 茶匙

鸡蛋：2 颗

天然蔗糖：½ 杯（99 克）

做法

在小碗里，用汤匙把藏红花捣碎，然后加入几滴威士忌，让藏红花气味充分散发，放在一旁备用。

在平底锅里，把无盐黄油加热熔化，然后倒入牛奶，煮至手可触碰、不会太烫的热度（约 43 ℃）。在另一个小碗里，用 2 ~ 3 汤匙的牛奶混合液将活性干酵母溶解，搅拌后放在一旁，直到酵母液上层开始冒泡。

在大碗里，将1颗鸡蛋打散，加入天然蔗糖、盐、藏红花混合料，搅拌均匀。加入牛奶混合液、酵母液，搅拌均匀，然后加入通用面粉、醋栗干，用木匙或手把面团揉和成球形。

把面团移到料理台上，揉和至光滑有弹性，需3~5分钟。这时候的面团摸起来应该有湿润感，但如果粘手指或台面的话，就加一点面粉，加一点点就好，如果加太多，烤出来的面包会变干。在面团彻底揉和好后，用一把锋利的刀切开它，会看到面团里遍布分散的小气孔。把面团放回碗里，盖上一块干净的布，然后放在暖和的地方，等它膨胀到2倍大，约需1小时。

在烤盘上涂油，或铺上烘焙纸或硅胶烤垫。从碗里取出面团，把它做成各种经典造型的藏红花包。把每个造型面团放在烤盘上，彼此间相隔约4厘米的距离。盖上布，让面团再发30~45分钟。由造型面团和烤盘的大小定，可能需要分两三批烘烤。先把造型面团准备好，在送进烤箱前，盖上布搁着。

在饧发造型面团的同时，先将烤箱预热至200℃。

盐：1茶匙

通用面粉：6½杯（923克），若需要可多加点

自由选项

醋栗干：¾杯（106克），可多准备一点撒在面包上

圣诞猪（julgalt）

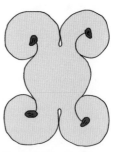

露西亚猫（lussekatt）

打散剩余的鸡蛋，在造型面团上刷蛋液。用醋栗干点缀，将其放在面团卷圈的中间。

烘烤 8 ～ 10 分钟。从烤箱中取出面包后，将之移到料理台上，盖上布，冷却后再端上桌。

这些面包很容易变干，如果不打算在烤好的当天吃完，可冷冻存放。

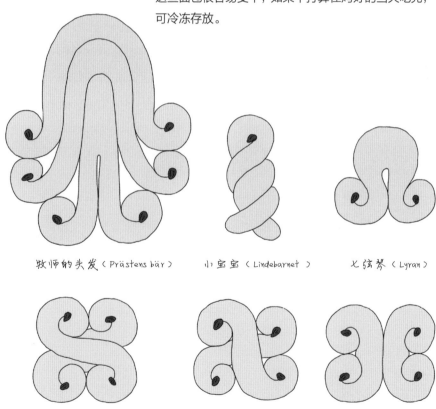

牧师的头发（Prästens bär）　　小宝宝（Lindebarnet）　　七弦琴（Lyran）

圣诞马（Julkuse）　　黄金马车（Gullvagn）

藏红花糕佐杏仁糊
saffranskaka med mandelmassa

成品分量： 一个约 20 厘米的蛋糕

瑞典人喜欢把杏仁糊加进各种烘焙糕点里，若用来庆祝 12 月，岂不是很棒？这份食谱来自安娜家人的好友 Cecilia 的创意，她每年都会亲手制作这款面包，要用半份藏红花包面团来制作，也就是将半份面团拿来做面包，另一半则用来做这款又甜又应景的糕点。这款藏红花糕佐杏仁糊（saffranskaka med mandelmassa）最适合在将临期的必咖时光亮相。

做法

准备好藏红花包面团，让它发到 2 倍大，约需 1 小时。

用食物料理机把去皮杏仁、天然蔗糖、纯杏仁精搅拌至细滑均匀，且混合料开始粘在一起。市场上销售的现成材料可能较粗较干，但也可以使用。

在另一个碗里，把蛋白打散，最好使用电动搅拌器，搅打至可拉出软尖峰后，拌入杏仁混合料，注意不要过度搅拌。

抓出比掌心小一点的面团，放在一旁备用，

材料

藏红花包面团（参见本书第 112 页）：半份

去皮杏仁：1 杯（142 克）

天然蔗糖：¼ 杯（50 克）

纯杏仁精：1 茶匙

蛋白：1 个，室温

鸡蛋：1 颗，打散

醋栗干：做顶料

最后要用来点缀蛋糕上层。把剩下的面团分成 2 等份并揉成球形。

在烤盘上涂油，或铺上烘焙纸或硅胶烤垫。把面团移到撒了面粉的料理台上。用擀面杖将一个面团擀成约 28 厘米的圆形，或者比 0.5 厘米薄的厚度。将擀好的面团放到烤盘上，均匀地涂上杏仁糊。用同样的方法擀开另一个面团，将其叠在杏仁糊上面。把两层面团的外缘紧捏在一起，杏仁馅才不会漏出来。把备用的面团擀成薄长条，用来装点面团上层。可做成传统的 S 形或心形，或是图示的其中一款。用一条干净的布盖在面团上，让它发 20～30 分钟。

在发面团的同时，将烤箱预热至 200 ℃。

将鸡蛋打散，在面团上刷蛋液。用醋栗干点缀面团。

烘烤 15～20 分钟，一直到蛋糕表面呈现深金黄色。从烤箱中取出蛋糕，小心地脱去烤盘，移到冷却架上，盖上布。蛋糕冷却后，移到盘子上并切成楔形块。

这款糕点容易变干，如果不打算在烤好的当天吃完，可用锡箔纸包起来以保持新鲜。

瑞典脆姜饼
pepparkakor

成品分量：40 ~ 60 个饼干，由饼的厚度及饼模大小而定

　　带有辛香味、口感爽脆，又能做成小猪和心形之类的传统形状，没有任何东西能比瑞典式姜饼更能代表"圣诞快乐"这句贺词。其实，有个瑞典传言可追溯到神话传说"blir snäll av pepparkakor"，认为吃了脆姜饼会使人变得更好。这样的传言有许多，但不可否认的是，姜饼里含有许多有益健康的香料，让人一吃就充满能量。

　　脆姜饼食谱有很多版本，但这份食谱比其他版本多了一点香料。因为瑞典式糖浆很难找，所以我们用糖蜜来替代。瑞典人有传统的姜饼切模，不过，任何姜饼切模可以使用，也可以用玻璃杯压出简单的圆圈造型。姜饼一定要又薄又脆，所以制作的窍门就是把面团擀得越薄越好。不过，即使没做到超薄的水平，还是能烤出好姜饼，因为这是比较简单的即兴佳节经典甜品。此外，面团一定要在冰箱里放一整夜，所以要事先计划好。

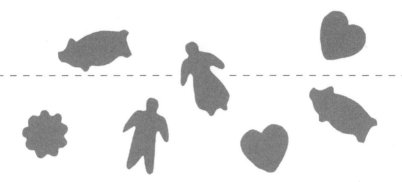

材料

无盐黄油：5 汤匙（71 克），
室温

天然蔗糖：½ 杯（99 克）

糖蜜：2 汤匙

丁香粉：1½ 茶匙

肉桂粉：1 汤匙

小豆蔻籽：1½ 茶匙，捣碎

姜粉：1 汤匙

黑胡椒粉：¼ 茶匙

苏打粉：½ 茶匙

通用面粉：1½ 杯（213 克）

水：¼ 杯（60 毫升）

做法

在大碗里，把无盐黄油、天然蔗糖、糖蜜搅拌均匀。加入丁香粉、肉桂粉、小豆蔻籽、姜粉、黑胡椒粉、苏打粉，搅拌成乳霜般均匀的混合料。

分多次加入面粉揉和均匀，一次半杯。加入两次的半杯面粉后，再倒入水，揉和均匀。然后加入剩下的面粉，用手揉和成面团。这时的面团应该比较粘手，但还是可以把它调整成长条形。用保鲜膜或烘焙纸包起来，在冰箱里放一整夜。

准备烘烤饼干时，先将烤箱预热至 190 ℃。在烤盘上涂油，或铺上烘焙纸或硅胶烤垫。不过，如果是使用涂了油的烤盘，烤出来的饼干底比较漂亮，也会比较脆。

切下一块长条面团，在撒了许多通用面粉的料理台上擀开。为了避免面团粘在台面上，稍微擀几下后，就把面团翻过来再擀几下，持续翻面擀，直到把面

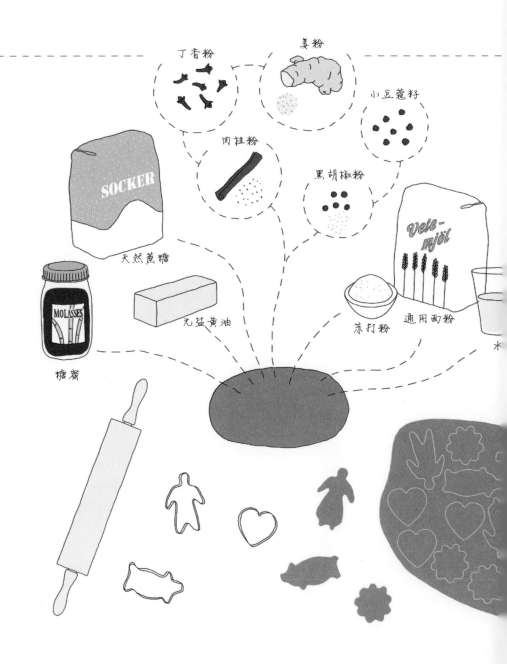

丁香粉　姜粉　小豆蔻籽
肉桂粉　黑胡椒粉
SOCKER
天然蔗糖
MOLASSES
糖蜜
无盐黄油　苏打粉　通用面粉
vete-mjöl
水

团擀薄为止。冷面团比较容易擀开，一旦回温就会变黏，所以需要时，把它放进冰箱冷藏一下再取出。还有，最容易的做法是一小批一小批地擀开。

把擀开的面团用切模切出形状，然后摆到烤盘上。

烘烤 5 ~ 8 分钟，由厚度而定。这些饼干很容易烤焦，所以要随时注意观察。将饼干从烤箱中取出后，放置 1 ~ 2 分钟，再将饼干从烤盘移到料理台上放凉。

将饼干存放在密封罐中。

软姜饼
mjuka pepparkakor

成品分量：20 ~ 25 个

这些软姜饼（mjuka pepparkakor）也被称为"lunchpepparkakor"，也就是午餐软姜饼。因为这些饼干又软又厚，所以经常会涂上一层黄油和一层芝士之后再吃。搭配一杯咖啡或茶，就不容易感到肚子饿。还有其他享受这种软姜饼的好方法，就是涂上橙皮果酱或蓝芝士。当然，单吃软姜饼也很美味。饼干面团至少在冰箱里存放一夜，所以要事先计划好。

做法

在平底锅里，用中火把糖蜜、黑糖煮至柔滑的稠度，再加入无盐黄油、丁香粉、姜粉、肉桂粉、小豆蔻籽和黑胡椒粉，一直到黄油完全溶化。关火，放凉约 15 分钟。

在大碗里，把鸡蛋、牛奶搅拌均匀，然后倒入黄油混合料一起搅拌均匀。

在另一个碗里，将通用面粉、发粉、苏打粉、盐搅拌均匀。然后将其加入牛奶混合料里，搅拌成光滑均匀的面团。由于面团很黏，可

材料

糖蜜：¾ 杯（180 毫升）

黑糖：½ 杯（106 克）

无盐黄油：¼ 杯（57 克）

丁香粉：2 茶匙

姜粉：2 ~ 3 茶匙

肉桂粉：2 茶匙

整颗小豆蔻籽：2 茶匙，磨碎

黑胡椒粉：¼ 茶匙

鸡蛋：1 颗

牛奶：¼ 杯（60 毫升）

通用面粉：2½杯（355克）

发粉：1茶匙

苏打粉：1茶匙

盐：¼茶匙

以先用碗盖起来，在冰箱里放置24～48小时。

准备烘烤时，将烤箱预热至200℃。

在烤盘上涂油，或铺上烘焙纸或硅胶烤垫。

把面团分成高尔夫球般的大小，揉成球形。将面球放到烤盘上，将其压平到约1.25厘米的厚度。压平后的饼干之间的距离应该大于2.5厘米。冷面团比较容易揉，一旦回温就会变黏，所以需要时，把它放回冰箱冷藏一下再取出。在揉面团之前先把手弄湿，也可以避免面团粘手。

烘烤12～15分钟，由饼干大小而定。从烤箱中取出后，将饼干移到料理台上放凉。

等饼干彻底冷却后，再放进密封罐中。

杏仁小塔饼
mandelmusslor

成品分量：约 25 个，由塔模大小而定

　　这些杏仁塔饼纤薄又带有奶油香，是圣诞佳节最棒的甜点。最典型的是那些填满莓果酱和浓鲜奶油的小塔饼。真正的瑞典风格，通常是在平安夜打开礼物前，先喝杯波特酒，吃块小塔饼。经典的杏仁小塔饼（mandelmusslor）烤模有三角形、菱形和圆形，但是这些烤模在斯堪的纳维亚以外的地区并不常见，除非你有办法在古董店或老屋资产拍卖中找到它们，不过，一般的小塔饼烤模就能够胜任。众所周知，小塔饼不太好制作，如果烘焙的时候不小心，常常会弄破塔饼，因此最好在烤模上多涂一点黄油以防止破损。如果有裂开或破损的，就用"破塔"犒赏自己，抢先一步品尝美味。可以单吃塔饼，也可加入果酱、莓果，再涂上厚厚的浓鲜奶油。

做法

用食物料理机把去皮杏仁磨成细粉状。

将无盐黄油、天然蔗糖一起搅拌均匀，加入杏仁粉、纯杏仁精、鸡蛋，搅拌均匀。将通用面粉一小撮一小撮地拌入杏仁混合料中，直到面团粘在一起。盖上布，放进冰箱冷藏0.5 ～ 1 小时。

材料

去皮杏仁：1 杯（142 克）

无盐黄油：7 汤匙（99 克），室温

天然蔗糖：¼ 杯（50 克）

纯杏仁精：½ 茶匙

小鸡蛋：1 颗

通用面粉：1 杯（142 克）

准备要烤杏仁小塔饼时，将烤箱预热至 200 ℃ 。在烤模里涂上大量黄油。

根据模具的尺寸，抓出大约核桃大小的面团，将它紧压在烤模上。要确保面团厚度一致地贴在整个烤模内部。如果面团变得很粘手，就放回冰箱冷藏一会儿。

烘烤 8 ~ 10 分钟，直到塔饼边缘呈现浅金黄色。从烤箱中取出来，小心地脱去烤模，移到料理台上放凉。

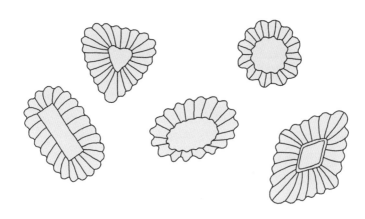

瑞典香料酒
glögg

成品分量：4 ~ 6 杯

在凛冽的冬季，以热饮招待宾客，是主人在瑞典的将临期庆祝聚会里最美好的一种表现。一杯热咖啡固然很重要，再加一杯香料酒（glögg）就更棒了。整个 12 月，在公司的圣诞派对和午后聚会上，还有圣诞节当天，常常会出现瑞典香料酒。瑞典的冬天本来就很寒冷，也难怪瑞典人要喝杯香料酒来取暖，即使不是身处于白色冬季的童话世界里，喝起来还是挺舒服的。

端出香料酒时，旁边摆一盘瑞典脆姜饼（参见本书第 116 页）来搭配这热腾腾的饮品，是最极致的享受。还有一种不含酒精的热饮，是以黑醋栗糖浆为原料的。

做法

将无花果干对半切开或切成 4 片，与葡萄干、鲜橙皮、生姜丁、肉桂皮、丁香粒、小绿豆蔻荚一起放入朗姆酒中，浸泡 4 小时以上。

过滤朗姆酒，去掉里面的水果与香料，并把无花果干放在一旁备用。

材料

无花果干：5 颗

葡萄干：30 颗，可多准备一些作点缀

鲜橙皮：1 汤匙

生姜丁：1 ~ 2 汤匙

肉桂皮：3 根

整颗丁香粒：2 茶匙

整颗小绿豆蔻荚：5 颗

朗姆酒、威士忌或白兰地酒：¾ 杯（180 毫升）

红葡萄酒：1 瓶（750 毫升），煮过的。

可选赤霞珠（Cabernet Sauvignon）或西拉

（Syrah）葡萄酒

黑糖：½ 杯（106 克）

去皮杏仁：点缀用

在平底锅里，煮热红葡萄酒，加入黑糖、香料朗姆酒，搅拌到糖完全溶解为止，千万不要煮沸。

端出来款待宾客时，将其倒进小马克杯里，并放些去皮杏仁、葡萄干和无花果干。

Chapter 5

有益健康的面包、
三明治与必咖小吃

受了史迪格·拉森（Stieg Larsson）的犯罪小说《千禧年三部曲》的影响，非瑞典人对瑞典人的普遍看法是，他们就只会闲坐着喝咖啡，吃开放式三明治！对瑞典人来说，酷爱咖啡和开放式三明治并不奇怪，他们甚至不会去注意这种事。开放式三明治的瑞典语是"smörgås"，大家较为熟悉的名称则是"macka"。在瑞典，一杯咖啡和一片开放式三明治，就像睡觉前或健身后的一杯水一样平常。必咖就是如此美妙的一件事：不但有休息喝咖啡的时间，还能品尝到一款速成小点心。

瑞典人有个很棒的说法，称之为"mellanmål"，直接翻译就是"正餐之间的小吃"。在美国，人们称这些东西为小吃，而这些小吃则比较健康，有水果或馅料扎实的三明治，不但可以填饱肚子，而且有益身体健康。小朋友放学后的必咖，常常就是一片开放式三明治和一杯牛奶或是瑞典水果甜饮。

瑞典面包的特色

　　许多种类的面包都被归类为小吃（mellanmål），有些是午餐三明治的最佳选择，而有些则能让人补足能量来应付漫长的下午时光。在斯堪的纳维亚以外的地区，也许最出名的瑞典面包是脆饼，据说它源自约公元前 500 年，瑞典语叫"knäckebröd"，是一种主食，它的款式很多，既有从一块大圆饼折成的小块，也有规矩的长方形等不同种类。精湛的烘焙艺术需要时间，有些烘焙师用尽一辈子的时间，去锤炼他们独特的脆饼食谱。

　　然而，脆饼只是开放式三明治的其中一款面包。还有一种是瑞典薄饼（参见本书第 132 页），可以卷起来，方便携带出门。至于干面包（skorpor）是一种脆面包，需要烘烤两次到格外轻薄又干燥的程度。另外，也有那种扎实的面包，如黑麦面包，加了斯堪的纳维亚甜点中常用的葛缕子、甜茴香、大茴香等香料来提味，品尝时，最适合配上特别香浓的咖啡或一大杯茶。

　　制作完美的开放式三明治是一门艺术，用调配口味的经验加上想象力，大胆地在面包上放上多种食材。无论是哪一种面包，都是搭配其他食材最主要的基本架构。

　　不只有开放式三明治可以当成餐点来款待客人，瑞典人喜爱的瑞典松饼（参见本书第 136 页）也可以。就像法国那样，在午餐或晚餐中都有薄松饼可以吃，也可把薄松饼当作晚餐汤品之后的"一道菜"。这种又薄又像可丽饼的松饼源自烤箱这种炊具尚未出现的时代，那时候家家户户只有放在炉火上的平底铁锅。松饼是瑞典甜点中一道简单的食物，与这种松饼关系最密切的叫煎饼片（plättar），是将瑞典松饼的面糊放在一种特别的锅里煎，就可以做出七个小圆饼。

所以，无论是三明治、松饼还是一块咸瑞典司康，你可能偶尔会想要用这些小吃来度过必咖时光。

如何制作开放式三明治

你可以根据传统的搭配方法来做开放式三明治，也可以尽情发挥创造力，反正又没有"三明治警察"在旁边监视。一层芝士配黄瓜片、甜椒，或者是苹果。在涂满奶油的黑麦面包上加一片生菜，然后再盖上一片莎乐美香肠。无论是黑麦面包、酥脆卷包，还是简单的薄脆饼干（参见本书第150页），只要确保有片够好的三明治底层就行了。以下介绍一些传统的三明治。

肉丸（macka） 将切对半的肉丸摆在鲜奶油甜菜色拉上，最好使用黑麦面包。

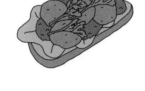

干面包（skorpa） 在干面包上涂一层奶油，放一块瑞士或挪威的芝士（硬度适中的），也可放橙皮果酱。

薄饼（tunnbröd） 在薄饼上涂肝肉抹酱，加上甜脆的腌黄瓜，卷成面包卷。

鲜虾三明治（räkmacka） 在烤过的面包上摆放生菜、鸡蛋切片、蛋黄酱、虾和莳萝。

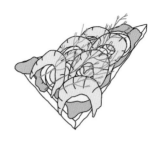

腌鲱鱼三明治（sillmacka） 深色的黑麦面包上摆放腌鲱鱼、酸奶油、红洋葱和小细葱。

腌鲑鱼三明治（gravlax） 用深色或浅色面包都可以，面包烤或不烤都可以，摆上腌鲑鱼、芥末酱和莳萝（我们也喜欢用脆饼来做）。

食谱目录

　　这里所收集的食谱，可以制作出最适合当小吃的面包，从咸司康到薄脆饼干，还有可以在家享用的开放式三明治都很棒。

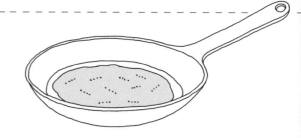

瑞典薄饼
tunnbröd

成品分量：18 ~ 20 个

瑞典薄饼（tunnbröd）与墨西哥薄饼很相似，可用来包任何一种馅料。它重量很轻又容易卷起，是一款流行用来作外带三明治的面包，只要选好想吃的馅料，再用锡箔纸包起来就可以了。在瑞典，有一款常见的野餐佳选，就是将薄饼涂上肝肉抹酱（leverpastej），再摆上几片又甜又脆的腌黄瓜。传统上，薄饼是用网状擀面杖（参见本书第 011 页）来擀出经典外形的。这些薄饼要在很干的平底锅上烘烤，这是有趣的烘焙过程，瞬间就有一批美味的薄饼可享用或包起来作为外出时的必咖小吃。

做法

在平底锅里，把无盐黄油加热熔化后，倒入牛奶，煮至手可触碰、不会太烫的热度 43℃。在小碗里，用几汤匙的牛奶混合液，将活性干酵母溶解。搅拌后放在一旁，直到酵母液上层开始冒泡。

在大碗里，把黑麦面粉、黑糖、大茴香籽、盐加在一起，搅拌均匀。倒入牛奶混合液，搅拌均匀，最后加入酵母液。用双手揉和面

材料

无盐黄油：3 汤匙（43 克）

牛奶：1½ 杯（360 毫升）

活性干酵母：2 茶匙

通用面粉：3 杯（426 克）

黑麦面粉：¾ 杯（90 克）

黑糖：1 汤匙

大茴香籽：1 汤匙，捣碎

盐：½ 茶匙

团，在撒了通用面粉的料理台上，把面团揉和至光滑有弹性。把面团放回碗里，盖上一块干净的布，然后放在暖和的地方，让它发 1 小时。

把面团分成 18 ～ 20 等份（由平底锅的大小而定）。在撒了面粉的料理台上，把每块面团擀成扁平的圆饼，大约 0.5 厘米厚。把面团擀开后，在薄饼之间撒些面粉，并叠在一起。

烘烤前，用网状擀面杖在圆饼上擀一擀或用一把餐叉戳出图案。这么做，有助于薄饼在烘烤时保持扁平状态。如果嫌麻烦，那么只要在烘烤时，把冒出的泡泡戳破，就可以让薄饼保持扁平的良好状况。

把每个圆薄饼放到又热又干的平底锅（用铁锅或其他厚底平底锅）里，每面约烘烤 1 分钟。如果方便，可以用两个平底锅同时进行以加快速度。值得注意的是，用这种方式使用铁锅，容易使锅受损，所以在完成后，要给铁锅涂油做好保养。

将薄饼叠起来盖上布，以便保温。趁热食用。可以将剩下的密封好，冷冻存放。

如果不打算整批烤完，可以用保鲜膜把面团包好，放进冰箱，隔天再拿出来擀成薄饼。

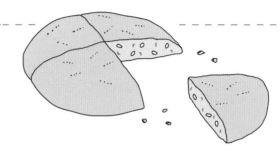

瑞典司康
svenska scones

成品分量： 2 个大司康圆饼，4 人份。

　　你可能以为这是典型的英式司康，但瑞典式司康（svenska scones）比较像苏打面包。这款烘焙糕点只需要一点时间就能轻松完成，让人不必在厨房里站太久，就能轻易享用到自己亲手制作的面包，正好搭配早上的咖啡。瑞典面包和卷包里常常会加葛缕子籽，而这份食谱里又加了葵花子，给人恰到好处的口感。可涂上奶油和无花果酱（参见本书第 144 页）或女王果酱（参见本书第 089 页）来品尝。若想要像个真正的瑞典人，那就用一片芝士来搭配果酱。

做法

将烤箱预热至 250 ℃。在烤盘上涂油，或铺上烘焙纸或硅胶烤垫。

把葛缕子籽和生葵花子放入煎锅，用中火烤一烤。当它们开始变色也开始散发香气时，关火，立刻倒到碗中，冷却几分钟。

将通用面粉、发粉、盐过筛后，加入一小块一小块的黄油，用指尖搓揉成一块粗面团。拌入所有的葛缕子籽和生葵花

材料

葛缕子籽：1 茶匙

生葵花子：3 汤匙

通用面粉：2¾ 杯（390 克）

发粉：1½ 茶匙

盐：1 茶匙

无盐黄油：5 汤匙（71 克）

牛奶：1 杯（240 毫升）

子，然后倒入牛奶，快速把它做成有黏性的面团。不要揉和面团。

把面团分成 2 等份，做成 15 厘米的圆面团。把面团摆在烤盘上，面团之间距离约 5 厘米，再用一把刀在面团上切出四分线，但不要把面团切断。用餐叉在面团上戳出点状图案。烘烤 20 ~ 25 分钟，一直到司康呈现浅金黄色。将其从烤箱中取出来，稍微冷却后，沿四分线切开面包，趁温热时品尝。

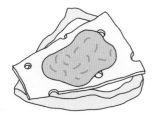

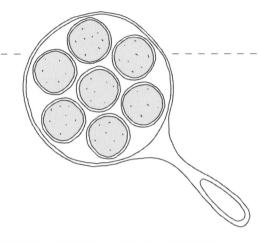

瑞典松饼
pannkakor

成品分量：16 ~ 20 个，4 人份

　　瑞典式松饼（pannkakor）比较像可丽饼，又薄又软。用任何一种煎锅来制作都很容易，所以是家里和学校里常见的午餐小吃。典型的吃法是涂上果酱或撒些砂糖，然后卷起来吃。除非特别饿，否则一个人大概不会吃超过 4 片松饼，这可是好事，因为剩下的松饼可带走当成郊游时的小吃。若要做成更奢华的待客点心，加些浓鲜奶油会更棒。

做法

在平底锅里，把无盐黄油加热熔化后，关火，在一旁放凉。

在一个碗里，将鸡蛋、一半分量的牛奶一起搅拌均匀。加入面粉、盐搅拌均匀，倒入剩下的牛奶和稍微冷却的黄油，搅拌成柔滑的稀面糊。

要用相当大的火来煎这些松饼，所以先将铁煎锅或平底锅用中火烧热，再放入 1 ~ 2 茶匙的黄油。等黄油熔化后，倒入 ⅛ ~ ⅓ 杯

面糊材料

无盐黄油：3 汤匙（43 克），多加一些用来煎饼

鸡蛋：3 颗

牛奶：2½ 杯（600 毫升）

通用面粉：1 杯（142 克）

盐：1 茶匙

顶料

果酱

（30 ～ 80 毫升）稀面糊，由个人想要的松饼和煎锅的大小而定。记得瑞典松饼要做得很薄，类似可丽饼，所以要确保面糊在锅里均匀分布。你可以稍微倾斜煎锅，让整个锅面都铺满面糊。把面糊煎到饼的边缘开始脱离锅面，每面只需煎 2 ～ 3 分钟。若想确认是否可以翻面，翻起饼的边缘看看，颜色是否为非常浅的金黄色。

在松饼上加些果酱或撒些砂糖，就可立刻享用。将剩余松饼装进密封盒里，放进冰箱存放。

葛缕子干面包
kumminskorpor

成品分量：约 40 个

在一系列的面包与卷包里，干面包（skorpor）是瑞典人最喜爱的一款。这些干面包基本上就是切片（如这份食谱）或是圆面包对半切，然后烘烤至全干，这样才能存放更长的时间。在这里，我们先做圆形面包，然后再切片。烤两次的干面包又脆又轻，最常见的就是涂上一层厚厚的奶油。它们可以是咸的也可以是甜的，而这份食谱里加了一点葛缕子籽，使制作出来的干面包具有真正的瑞典式口味。

做法

在平底锅里，把无盐黄油加热熔化后，加入牛奶，煮至手可触碰、不会太烫的热度 43 ℃。在小碗里，用 2 ~ 3 汤匙的牛奶混合液将活性干酵母溶解。搅拌后放在一旁，直到酵母液上层开始冒泡。

在大碗里，把通用面粉、天然蔗糖、葛缕子籽、发粉、盐加在一起，搅拌均匀。倒入剩下的牛奶混合液，搅拌均匀。最后加入酵母液，用双手揉和面团。

面团材料

无盐黄油：5 汤匙（71 克）

牛奶：1 杯（240 毫升）

活性干酵母：2 茶匙

通用面粉：3 杯（426 克），需要时可多加一些

天然蔗糖：¼ 杯（50 克）

葛缕子籽：2 茶匙，捣碎

发粉：1 茶匙

盐：¼ 茶匙

把面团移到撒了通用面粉的料理台上，将面团揉和至光滑有弹性，需 3 ～ 5 分钟。这时候的面团摸起来应该有湿润感，但如果粘手指或台面的话，就加一点面粉。当面团完全揉好后，用一把锋利的刀切开它，会看到面团里有许多小气孔。把面团放回碗里，盖上一块干净的布，然后放在暖和的地方，让它发 1 小时。

在烤盘上涂油，或铺上烘焙纸或硅胶烤垫。把面团分成 2 等份，都做成 30.5 厘米的圆长条面包，约 4 厘米厚。摆在烤盘上，盖起来，让它发约 45 分钟。

在发面团时，将烤箱预热至 230 ℃。

面团发好后，烘烤 10 ～ 15 分钟，一直到呈现浅金黄色。从烤箱中取出面包放凉。保持烤箱里的温度。

用一把刀将两条圆长面包各切成 20 等份。把这些切片紧密排在烤盘上，然后以 230 ℃ 烤至呈深金黄色，约需 5 分钟。如果一个烤盘无法摆完全部的切片，就分别摆在两个烤盘上。可以用两个烤盘同时烤，但烤到一半的时间后，一定要将上下烤盘交换位置，再继续烤。然后将温度调降至 95 ℃，把这些面包烤干，需 20 ～ 30 分钟。关掉烤箱电源，把面包留在烤箱里 4 ～ 5 小时，一直到面包变得又干又轻又脆。

如果打算在晚上制作这些面包，可以把烤好的面包留在烤箱里，第二天早上再取出来，装进密封盒存放。

酥烤黑麦小圆面包
rostade rågbullar

成品分量：24 ~ 32 个小半圆面包

传统的干面包一定要烤到干透了才行，但这个版本所烤出的小圆面包，外层酥脆，内部却是又白又松软，涂上一点果酱，与早上的一杯咖啡最为搭配。这份食谱来自安娜的外婆 Nellie，她的冰箱里总是有这款面包。这些小圆面包很容易解冻，涂上奶油，加一点芝士，再放上苹果切片，就可享用了。这款糕点有足够的黑麦面粉提供健康的营养，所以不但可以在必咖时吃，也比较适合当作早餐。

做法

在平底锅里，把无盐黄油加热熔化后，加入牛奶，煮至手可触碰、不会太烫的热度 43 ℃。在小碗里，用 2 ~ 3 汤匙的牛奶混合液将活性干酵母溶解。搅拌后放在一旁，直到酵母液上层开始冒泡。

在酵母溶解后，将其倒入大碗中，加入剩下的牛奶混合液。拌入黑麦面粉、天然蔗糖、盐，搅拌均匀。用一个木匙或用双手揉和面团，直到揉成球形。把面

面团材料

无盐黄油：2 汤匙（28 克）

牛奶：2 杯（480 毫升）

活性干酵母：2 茶匙

通用面粉：4 杯（568 克）

黑麦面粉：1 杯（120 克）

天然蔗糖：¼ 杯（50 克）

盐：1 茶匙

鸡蛋：1 颗，打散。

团放回碗里，盖上一块干净的布，然后放在暖和的地方，让它发 1 小时。

在烤盘上涂油，或铺上烘焙纸或硅胶烤垫。把面团移到撒了通用面粉的料理台上，将面团揉和至光滑有弹性。这时，如果你按压一下面团，面团会弹回来。把面团分成 12 ~ 16 等份，然后揉成球形。把这些面团放到烤盘上，盖上布，再让面团发 45 分钟。

在发面团的同时，将烤箱预热至 230 ℃。

当面团发好后，在上面涂蛋液。

烘烤 8 ~ 10 分钟，一直到小圆面包呈现浅金黄色。从烤箱中取出小圆面包，把烤箱温度调高至 250 ℃。

当小圆面包不太烫手时，将之横向对半切开。最好的方法是用细齿刀切。然后把所有的切半面包放在烤盘上，切面朝上，接着放回烤箱，再烤到其呈现深金黄色，需 5 ~ 7 分钟。

可以马上享用，或是在冷却架上放凉，然后存放在冷冻库。

大茴香与榛果硬脆饼
anis och hasselnöts biscotti

成品分量：36 个

硬脆饼（biscotti）显然不是传统的瑞典甜点，可是瑞典人偏爱干面包，不难想象他们喝咖啡时总渴望有片又甜又脆的饼干可以解馋。硬脆饼是咖啡的绝佳搭档，在这份食谱中，大茴香与榛果组合出非常可口的饼干，是特别制作用来蘸咖啡吃的。

做法

将烤箱预热至 175 ℃。在烤盘上涂油，或铺上烘焙纸或硅胶烤垫。

用中火烘烤锅里的榛果，直到榛果开始爆开及上色。待榛果冷却后，略微捣碎。

把无盐黄油、黑糖一起搅拌均匀。将鸡蛋一颗一颗加入，搅拌至柔滑均匀。

在另一个碗里，把通用面粉、发粉、大茴香籽、盐、榛果一起拌匀，将它们倒入鸡蛋混合液里，搅拌均匀。面团会变得黏稠。

材料

生榛果：1 杯（142 克）

无盐黄油：¼ 杯（57 克），室温

黑糖：1 杯（213 克）

鸡蛋：2 颗

通用面粉：1⅔ 杯（236 克）

发粉：1 茶匙

盐：¼ 茶匙

整颗大茴香籽：4 茶匙，捣成粗粒

把面团分成 2 等份，揉成大约 30.5 厘米长、4 厘米厚的圆长条形，摆在烤盘上。

烘烤 15 ～ 20 分钟，直到圆长条面团烤透，呈现金黄色。从烤箱中取出长条面包，把烤箱温度调低到 150 ℃。

让长条面包冷却 10 分钟后，小心地移到砧板上，用细齿刀将其斜切成 18 等份。

把所有的切片面包平放在烤盘上，放回烤箱，再烘烤约 15 分钟。从烤箱中取出面包，将每片面包翻面，放入烤箱再烤 15 分钟。如果感觉饼干还有点软，就放回烤箱再烤几分钟。烤好后，从烤箱中取出饼干，等彻底冷却后，再放进密封盒。

无花果酱
fikonmarmelad

成品分量：大约 1⅓ 杯（320 毫升）

　　虽然新鲜无花果在瑞典并不常见，但无花果干却常运用在烘焙糕点上。使用无花果干可以轻松做出自己的果酱。大部分制作果酱的方法是将水果和糖一起煮沸，而这款果酱则结合了波特酒与无花果的独特口感，不加其他材料就足够甜。它是用来制作指印果酱酥饼（参见本书第 038 页）或杏仁小塔饼（参见本书第 122 页）的最佳果酱，也可用它来做无花果方块酥的馅料（参见本书第 036 页）。将这款果酱涂在薄脆饼干（参见本书第 150 页）或酥烤黑麦小圆面包（参见本书第 140 页）上，尝起来也很棒。

做法

将无花果干切成小块，放进碗里。倒入波特酒，直到没过无花果干，浸泡 1 ~ 2 小时。无花果干在浸泡之后，会变得比较软。

把无花果干与波特酒倒入锅里煮沸，然后用小火慢慢地煮 10 分钟。这时，无花果干应该已经开始分解，而波特酒也浓缩了。如果

材料

无花果干：约 1½ 杯（227 克），切小块

波特酒：1 杯（240 毫升），需要时可多加一些

无花果酱变得太干，就多加一点波特酒或水，再熬煮
一会儿。

将锅离火，放凉。等到不烫手时，把混合料放入食物
料理机里，搅拌到成为浓稠光滑、可涂抹的果酱。

将果酱装入干净的玻璃罐里，在冰箱里可存放1周。
如果不打算马上吃，可以放在冷冻库储存。

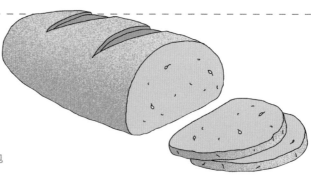

黑麦面包
rågbröd

成品分量：2 个长条面包

吃刚烤好的新鲜面包是瑞典的传统，数一数瑞典城市里的面包店数量，就足以证明这个事实。当然，家里制作的面包往往是最好的。不管做哪一款开放式三明治，用这种厚实的黑麦面包（rågbröd）做底层都是最棒的。这份食谱源自瑞典的古老传统，在制作面包前，先把黑麦粉加热至滚烫。做法源自《我们的食谱》这本书，并添加了黑枣干，黑枣干带来刚刚好的甜味，取代了传统的瑞典黑糖浆（mörk sirap）。

做法

准备制作第一阶段面团。先将黑麦面粉放在碗里。将水煮沸，然后倒进面粉中。用大汤匙或刮刀，把面粉和水搅拌均匀。这时的面团会非常黏。用碗盖好，静置在室温下，一直到面团彻底冷却。要得到最好的结果，面团要放置 6 ~ 8 小时。

准备制作第二阶段面团。在小碗里，用 2 汤匙的温水将酵母溶解，放置约 10 分钟。

用食物料理机把黑枣干和 3 汤匙的温水，搅

第一阶段面团材料

黑麦面粉：3 杯（362 克）

水：3 杯（720 毫升）

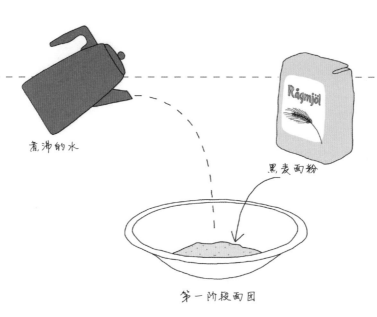

煮沸的水

黑麦面粉

Râgmjöl

第一阶段面团

第二阶段面团材料

活性干酵母：4 汤匙

温水（43 ℃）：5 汤匙

黑枣干：8 颗

大茴香籽：4 茶匙

通用面粉：3 杯（426 克），需要时
可多加一点

盐：2 茶匙

打至黏滑的稠度。

将大茴香籽用杵臼捣碎。在另一个大碗里，
将通用面粉、盐拌匀。加入酵母液、黑枣泥、
第一阶段面团，揉和均匀。这时的面团比较
厚重，揉和起来有点困难，可能需要直接在
料理台上揉面团，而不是在碗里。

把面团移到料理台上揉和，尽可能不要添撒
太多面粉。这时的面团应该有点黏稠。说实
在的，面团的厚重可能会让你担心烤出来的
成品和石头一样硬。别担心，不会的！把面
团放进碗里，盖好，然后让它发 45 分钟。

在烤盘上涂油，或铺上烘焙纸或硅胶烤垫。
把面团分成 2 等份，都揉成 30.5 厘米长的圆

长条形。把长条面团摆上烤盘，盖好，让它继续发 1
小时。面团上会出现一些小裂痕。

在发面团的同时，将烤箱预热至 200 ℃。

面团发好后，烘烤约 40 分钟。面包应该呈现深褐色。
如果敲一敲面包底部，听起来会有空空的声音。从烤
箱中取出面包，放在冷却架上，等彻底冷却后再切。

可用纸或塑料袋将面包包好，可存放 2 ~ 3 天。若要
保存久一点，等面包彻底冷却后，将其整个或切片后
冷冻起来。

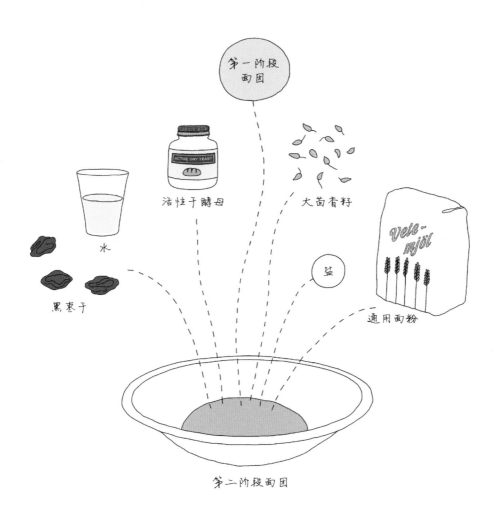

第一阶段
面团

活性干酵母

大茴香籽

水

盐

黑枣干

通用面粉

第二阶段面团

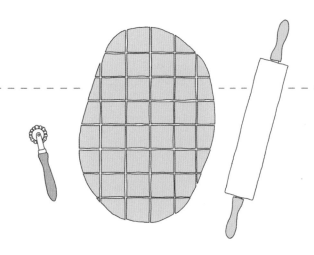

薄脆饼干
knäckekex

成品分量：100 ~ 120 个

　　薄脆饼干（knäckekex）与肉丸、鲱鱼具有同等地位，是瑞典食物的代表。大部分的瑞典家庭，每一餐的主食里都备有薄脆饼干。制作传统的薄脆饼干，是一个比较费劲的过程，而且在瑞典境内随处都可以买到成品，很少有人愿意自己做。然而，这份食谱可以奠定你的厨艺基础，有个比较简单的方法供你尝试。如果手上没有葛缕子籽，迷迭香、碎甜茴香或大茴香籽也是极佳的饼面香料。这些薄脆饼干搭配法国羊奶芝士或无花果酱（参见本书第 144 页），或与黄瓜切片搭配做成典型瑞典三明治，都非常美味。

做法

将水煮至手可触碰、不会太烫的热度 43 ℃。在小碗里，用 2 ~ 3 汤匙的水，将活性干酵母溶解。搅拌后，加入蜂蜜。放在一旁，直到酵母液上层开始冒泡。

在另一个大碗里，将黑麦面粉、酵母液、剩下的水一起搅拌均匀。用双手揉和面团，直到可揉成球形。

将面团放到撒了通用面粉的料理台上，揉和

面团材料

水：1 杯（240 毫升）

活性干酵母：1 茶匙

蜂蜜：2 茶匙

黑麦面粉：1 杯（120 克）

通用面粉：1¾ 杯（248 克），需要时可多加些

葛缕子籽：1 汤匙，烤香（参见本书第 134 页）后磨碎

片状海盐：2 茶匙

约 2 分钟。这时的面团应该有点黏稠。把面团放回碗里，盖好，然后放在暖和的地方，让它至少发 6 小时。面团也可以在冰箱里放一整夜，在准备烘烤的 1 小时前取出即可。

要烘烤时，将烤箱预热至 200 ℃。在烤盘上涂橄榄油。在面团里加入葛缕子籽和片状海盐，放到撒了一层薄面粉的料理台上，揉和约 2 分钟。如果需要，可多撒一些通用面粉。这时候的面团摸起来应该光滑，也不会粘在料理台上。

把面团分成 8 个大小相等的圆球。在料理台上撒些通用面粉，用擀面杖把面团擀开，要擀得非常薄（像葛缕子籽面包片那么薄）。为了避免面团粘黏，一个好办法就是一点一点地擀，需要时可在料理台上撒些面粉，然后翻面，再擀几下。继续下去，一直到整个面团被擀得薄薄的。

用面团切刀或一把利刀，将面团切成 8 厘米的正方形，轻轻地再擀一次后，摆到烤盘上。尽可能摆满烤盘。

烘烤 5 ~ 8 分钟，一直到薄片变脆，呈现金黄色。如果薄片还是软的，就烤久一点。这些薄脆饼干容易烤焦，所以要随时注意观察。把烤好的薄脆饼干从烤箱中取出，静置几分钟后，再放到冷却架上。

等彻底冷却后，再存放在密封盒中。